ENGAGE IN IMPROVING THE WORLD
THE PRACTICE AND INNOVATION
OF GEMDALE RE EAST CHINA

"参与改变"的美好
金地华东的实践和创新

金地集团华东区域地产公司 编著

同济大学 出版社
TONGJI UNIVERSITY PRESS

中国·上海

目录
CONTENTS

长期以来，金地以"科学筑家"为使命，从关怀人性需求出发，崇尚以人为本的设计和开发理念，从产品定位、设计策划、施工过程，到交付使用以及物业管理，整个开发运营过程无不闪耀着精工品质和人性关怀的光芒。作为一家具有社会责任担当的企业，金地全力践行"建设人民美好生活"的时代宏愿，不仅要做房屋的提供者，还要做社区文化的营造者、幸福生活的促进者、城市升级的推动者和社会繁荣的参与者。

2018 年，适逢金地 30 岁华诞。30 年金地，30 年积淀，目前的金地集团正以 1,408 亿元的年销售额砥砺前行。

在金地集团七大区域公司中，华东区域公司是成立较早、相对成熟的区域公司，自 2002 年进入上海开始，17 年来，华东区域公司不仅为集团贡献了优异的业绩指标，还创造出了一批优秀作品，当下他们编著的《"参与改变"的美好》一书，汇集了华东区域公司近年来地产项目的部分代表作。将这些优秀知名楼盘以图文形式编排成型，意义匪浅。它既是多年来华东区域公司全体同事辛勤汗水浇灌出的累累硕果，也是金地人对客户、对社会的一种致敬、一种感恩！

以上海为代表的华东地区的城市文明，兼具了近代以来的历史感与当下的先进性，辉映着历史传承和现代时尚的双重荣光。作为现代开发商的建筑作品，要想在这些名品如林的地区崭露头角，实属不易。金地集团布局以上海为中心的华东区域，所打造的这些优秀建筑作品得到了广大客户以及社会各界的认可与喜爱，这是金地的荣耀，也是对金地的鞭策。

在产品的打造上，金地集团秉承"产品领先"的策略，始终能够敏锐洞察市场，真正贴近客户需求。在当前消费升级的时代中，消费者对住宅品质和品位要求越来越高，在关注健康和智能科技的新趋势下，金地提出新的产品理念——"科学筑家、智美精工"。

科技应用方面，金地在前沿智能科技的运用基础上，与智慧人居理念相结合，创造性地提出"Life 智享家"——十全十美健康科技生活系统，实现人与家庭、人与社区的互联，为业主提供更舒适健康、更安全便捷的生活解决方案，同时成立并大力投入自己的科技公司——智慧享联。

精装方面，金地在深入研究多样化的家庭生活行为模式基础上，从贴心、安心、开心、省心、放心的角度研发形成 3 个星级标准、17 大系统、115 个价值点，从健康环保、人体工学、物品收纳、灯光氛围等方面，打造金地"五心精装家体系"。

住区环境方面，金地将人的需求放在首位，关注客户的健康及居住体验，通过 360°健康家和 Micro Climate 微气候智慧决策系统，全方位打造更科学、健康、舒适的室外活动空间。在未来，金地还将信心百倍地继续在华东区域深耕发展，继续不断地实践与创新，通过我们的产品与服务，为这里的城市天际线再添新亮色，为这里的广大新老客户带来更美好的服务体验，造福城市，回报社会！

向华东所有城市致敬！向华东广大客户致谢！金地将继续以科学为指南，运用科学的工具、方法和眼光，参与华东地区美好生活的建设，致广大而尽精微，演绎理想生活！

致力专业创新
共筑美好生活

金地（集团）股份有限公司董事长

参与改变 连接美好

2002 年，金地集团一举拿下嘉定和浦东的 200 万平方米土地，宣告金地正式进军上海。

也是在这一年 12 月，上海成功申办世博会。生活在上海的人们为此感到兴奋，但很多人并没有意识到，世博会将怎样深刻地改变他们的生活。

如果说改革开放的前 20 年，上海在城市化的道路上稳步前进，那么世博会就是一个强有力的助推火箭——2010 年之后，上海在城市化的进程中狂飙突进。

2002—2019 年，金地有幸作为见证者和参与者，与这座城市一同改变，一同生长。我们通过科学的视角和独特的智慧，去审视城市发展的脉络和规划的方向，并不断推动城市可持续发展。

参与城市的生长

当金地一次性在嘉定南翔拿下 130 万平方米开发"格林世界"，创造当时上海单个楼盘土地面积之最的时候，上海房地产的热度还没有辐射到嘉定。这座城市里的人，尤其是土生土长的上海人，目光仍紧盯着浦西市中心的土地。

但是，金地看得更远，我们一直在寻找地产与城市发展的关系。

17 年过去了，总占地面积约为 130 万平方米的格林世界早已成为名副其实的百万城邦，这个大型低密度低碳复合型社区以高标准、低密度、高配套的超前理念完成规划设计，成为上海市乃至整个长三角地区具有代表性的国际化大型社区。格林世界所在的嘉定南翔板块，随着地铁 11 号线站点扩建、嘉闵高架开通，已成为上海新型 CBD 的强有力的接棒者。其间，金地的前瞻性入驻和强烈的示范作用不可小视。

17 年中，嘉定、松江、青浦、浦东、宝山……金地一直以敏锐的触角捕捉着这个城市发展的步伐。建一个社区，繁荣一片区域，所有的繁华聚集起来，成就了今天的"大上海"。

2016 年，金地斥资 88 亿元拿下浦东祝桥地块，这是近年来上海罕见的超大规模住宅用地，也是祝桥落实了世界级航空城规划之后的首幅住宅地块。我们相信，这里将会和 600 多米高的上海中心一样，代表这座城市的未来。

推动城市的改变

世事变迁，时代更迭。正因为人类文化从来不停止发展的脚步，每一个时代的更新变革才必不可少，而没有对原有文化、传统知识的了解、继承和进取，所有发展都是不可能的。14—16 世纪的欧洲"文艺复兴"就是这样一个过程：所失去的知识、技术和美学原理被重新发现—— 一场巨大的文化革命气象恢宏，引导了艺术、建筑和城市设计的经典主义回归。城市也是如此。

一座城市不可避免地会出现逐步老化或因外界变化而引起的不适应，局部或整体地、有步骤地改造和更新旧城的物质环境就成为必然。世界城市发展至今，许多国家和地区的城市均经历了从造城到有机更新的过程。

在紧守用地红线的背景下，我国大城市已从增量时代进入存量时代。《上海住房发展"十三五"规划》中明确指出，到 2020 年，上海旧住房综合改造项目需完成 30 万户，中心城区二级旧里以下房屋改造面积需达 240 万平方米，各类旧住房修缮改造面积达 5,000 万平方米的硬性指标。在"2017 中国城市更新论坛"上，住建部政策研究中心主任秦虹发布《中国城市更新研究报告》。报告指出，我国已从传统的物质层面、拆旧建新式的城市更新，发展到城市有机更新的新阶段。

在这一过程中，对城市居民而言，城市更新改变的是城市颜值，但不能改变的是城市记忆。城市的有机更新也意味着，我们更应在"更新换代"（regeneration）一词中赋予"时代"（generation）本身的重量，创造崭新面貌的同时传承历史文脉的场所精神。

早在 2005 年，金地集团就已拿下深圳福田区岗厦项目，正式参与城市更新，把曾经破旧杂乱的小渔村，变身成为 140 万平方米的国际综合区"深圳中心"。我们还曾进军美国，把旧金山原来的历史建筑——芝加哥矿产交易中心，改造成为功能一流的现代化办公楼，把传统与现代做到了完美的融合。

同样地，金地华东在 2017 年提出"文化更新城市"计划，并在上海愚园路街区微更新的实践中，充分尊重了这里所蕴含的历史文化，充分表达了城市设计者们"传承城市历史文脉，留住历史记忆"的愿景。不管是街角竖立的"城市之书"，还是展览老铺子照片的缝隙"墙馆"，又或是自愚园路名人墙改造而来的上海城市记忆博物馆，都在保留当地原始记忆的基础上，又融入新的文化元素，为居民平淡的日常生活增添创造性的美好火花。

无论从哪个角度分析，城市更新都有异常丰富的内涵。城市更新不仅是土地和建筑物的更新，也是社区文化和生活方式的更新；不仅是产业的升级换代和结构调整，也是社区经济的模式转变和公共资源的重新配置。无论是交通、教育、医疗、生态等硬件配置，还是人文、艺术、历史等软性竞争力，都会随着城市更新而发生变化，既要让人记得住乡愁，又要让人看得见未来。

连接美好的实践

2018 年，金地为了让更多社区实现真正的"冻龄"和"焕颜"，从城市微更新走向社区微更新，进一步衍生出了金地"社区唤醒行动"。在走访调研了多个有待改造的上海社区后，我们选择了极具代表性的百万方大盘社区——上海南翔"金地格林世界"社区为首个试点项目，希望能够搭建一个平台，汇集各方力量，为社区居民的美好生活而努力。

金地关于更新的内在基因，使得我们更愿意深度参与到城市居住、生活形态的更新进程中去。在这个过程中，金地也愿意在尊重城市原生文脉的基础上，传承和发扬城市精神。

金地顺应政策趋势和政府导向，传承历史文脉，面对城市未来，因爱而变，从以住宅为主的开发商转型为精细化服务的领导者。我们将更勇于探索尝试，创新商业模式，拥抱多样合作，整合多种资源，用地产驱动产业，以商业文明促进城市文明。

这是我们的责任，也是我们对城市美好未来的愿景。

从建设者到连接者、合作者、服务者，金地华东将继续致力于激活城市动力，连接更多美好。

金地（集团）股份有限公司副总裁
华东区域地产公司董事长、总经理

筑梦 · 荣耀
金地华东发展历程
HONOR & GLORY

从微观到宏观，从人文到科技。
上海，正在这样的全维度层面上改变、升级、更新换代。
金地，始终参与其间。
他们不仅仅是在造房子，更是在造生活。
从智能居家、微气候到海绵社区，金地人始终秉持着科学筑家的精神，
为这座城市里生活过的人们、生活着的人们以及未来会来到这座城市的人们，
提供一个爱城市的理由。

Shanghai is transforming and upgrading itself in every dimension,
from microcosm to macrocosm, from humanity to science.
Gemdale has always been involved in the process.
They are building not only houses, but also the life.
With the spirit of scientific construction,
from Smart Home and Micro-Climate to Sponge Community,
Gemdale is a reason for those who have been here, those who are still here, and those who are coming here to love this city.

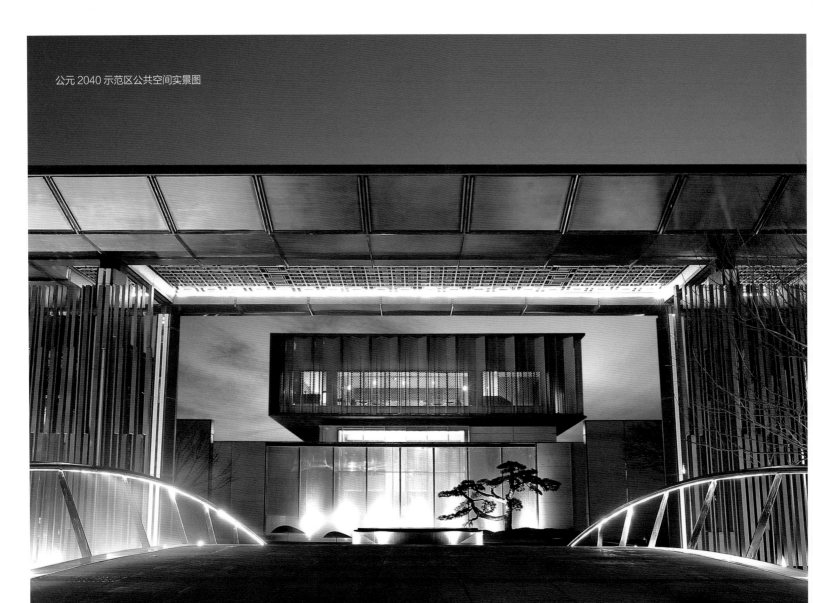
公元 2040 示范区公共空间实景图

公元 2040 示范区建筑立面局部实景图

预见改变：城市拓展

FORECAST THE CHANGES: CITY EXPANSION

2002 年，金地一举拿下嘉定和浦东的 200 万平方米土地，正式进军上海。

也就在这一年的 12 月，上海成功申办世博会。生活在此的大多数人为此感到高兴，但同时，他们可能都没有意识到，世博会将怎样深刻地改变他们的生活。

改变的标志之一，是地铁。

2005 年至 2012 年间，仅上海计划新建的城市轨道交通线路就达到 10 条，新建线路总长 389 公里，总运营里程达到 510 公里，一举迈入全球三甲。地铁所提供的不仅仅是运力，更是速度和准确的时间——当代城市生活不可或缺的两大要素。速度与时间的到位，为上海疏解市中心人口压力，重新编制城市规划提供了前提。

当金地一次性在嘉定南翔拿下 130 万平方米土地开发格林世界，创造当时上海单个楼盘土地面积之最的时候，上海房地产的热度还没有辐射到市郊。当大多数人的目光仍然死死地盯着浦西市中心的土地，金地一直在寻找地产与城市发展的关系，用金地集团华东区域地产公司董事长、总经理阳侃的话来说："我们会通过科学的视角和独特的智慧去审视城市发展的脉络和规划的方向，去预见城市的改变。"

17 年过去了，总占地面积约为 130 万平方米的金地格林世界早已成为名副其实的百万城邦，这个大型低密度低碳复合型社区以高标准、高配套的超前理念完成规划设计，成为上海市乃至整个长三角地区具有代表性的国际化大型社区。其间，金地的前瞻性入驻和强烈的示范作用不可小觑。

1992 年，虹桥机场的周围还都是稻田。如今的虹桥机场已经从一个单一的航空港转变成巨大的集航空、铁路、公路、地铁于一身的交通枢纽，成为拉动上海西部发展的最大引擎。所有生活在上海的人都目睹了虹桥奇迹。那么，比虹桥机场更大、更现代化的浦东机场呢？

打开上海地图，你会发现祝桥航空经济区占据着虹桥机场和浦东机场黄金发展轴的最东端，处于浦东三港三区的核心区域，南拥商飞总装基地，西接迪士尼，聚集了其他一些想做航空大都市的城市所不具备的全部要素。上海东站已落址祝桥，未来将有 22 条高铁线连接着沪通、沪乍杭经济圈资源中转，加速上海浦东环都市圈的发展。

过去十年属于虹桥。未来十年，属于浦东，属于祝桥。而在巨大变动来临之前，金地已主动拥抱趋势，并通过打造位于祝桥的公元 2040 项目，将集泳池、健身会所、图书馆、艺术长廊于一身的低密度生态人居样本，在浦东航空经济区启幕更健康、更舒适、更精神自由的生活。

我们会通过科学的视角和独特的智慧去审视城市发展的脉络和规划的方向，去预见城市的改变。

We view the city development trends and planning guidelines with our scientific perspectives and unique insights, and thus foresee the upcoming changes.

交往

娱乐 休闲

居住 工作

INTERNATIONAL ARC

17 年过去了，
这个大型低密度低碳复合型社区以高标准、低密度、高配套的
超前理念完成规划设计，
成为上海市乃至整个长三角地区具有代表性的国际化大型社区。

COMMUNITY

张江高科技园区
国际领先科技城

陆家嘴金融贸易区
国际一流金融城

在浦东航空经济区启幕
更健康、更舒适、更精神自由
的生活。

LEGEND STARTS HERE,

迪士尼
国际旅游度假区

公元 2040

祝桥航空城
世界著名都市型航空城

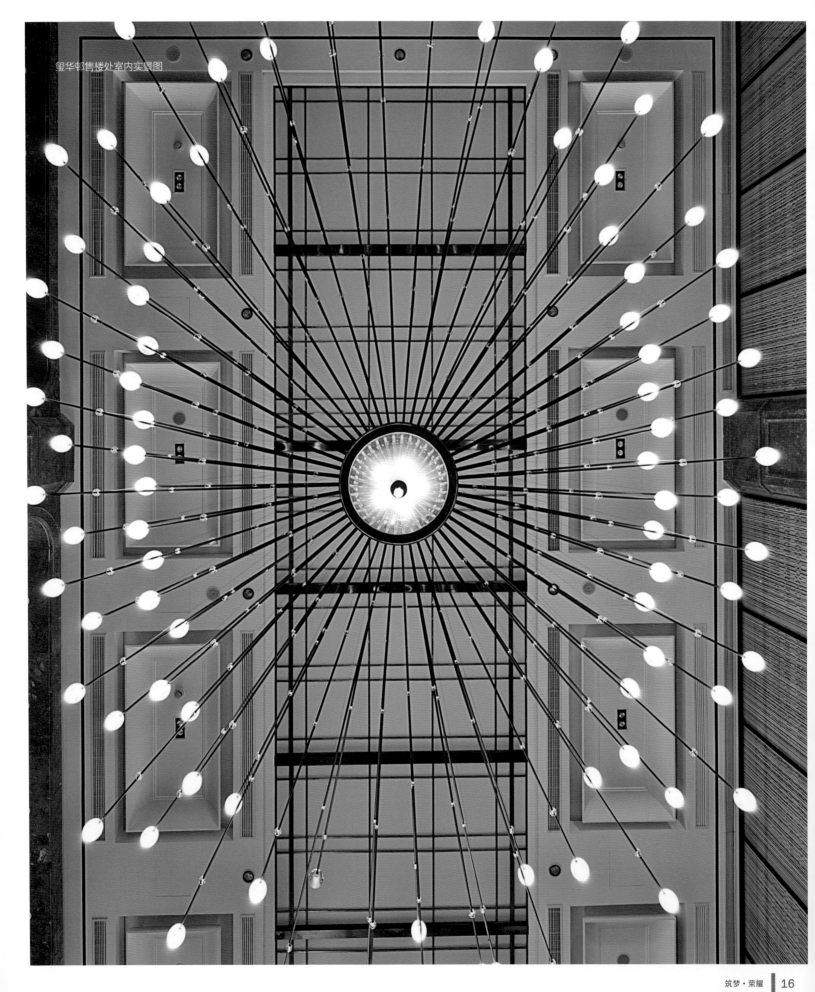

玺华邸售楼处室内实景图

洞悉改变：生活变革

PERCEIVE THE CHANGES: LIFE REFORMATION

从浦东新区到虹桥开发区，再从虹桥回到浦东航空经济区，过去的十几年，上海的热点在不断移动，推动着城市不断前进。但这还不足以诠释上海的城市化进程。

真正的城市化在一组数字里。

2000 年，上海拥有常住人口 1,608 万，而到 2010 年，这个数字已经膨胀到 2,302 万。十年间，约 700 万外来人口涌入上海。城市化的核心在于将农村人口转化为城市人口。人，才是城市化的要义。

人口在膨胀，城市在膨胀。这座城市所有的新增人口都需要有一个家。为进入城市的人群提供就业和发展机会，这是那个时代中国城市的使命；为进入城市的人们提供住房，是那个时代中国地产商的使命。其时，政策层面亦通过对住房面积的控制实现降低购房总价，从而让更多进入城市的人有房可居，这一初衷对于产品设计无疑有着一定的限制，金地的回应却非同凡响。

在上海湾流域项目中，金地推出了拥有南北退台 90 平方米以下的花园洋房，湾流域对于上海楼市的意义就是重新定义了花园洋房的产品规划逻辑。如果站在更高的角度，还可以说，湾流域的户型设计证明了一件事：刚需房不等于妥协和将就，购买力有限的刚需人群也可以享受到优质的城市居住生活。这样的思路在之后的"金地未来未来"项目中得以延续。

在未未来项目里，金地推出了高层复式产品，面积同样在 90 平方米以下。与此同时，未未来的花园洋房设计做到

了极致，二层也具备了拥有独立的北向辅助空间和花园的可能。

2010 年，上海城镇化率达到 88.9%，此后 6 年，上海人口从 2,302 万缓慢增长到 2,419 万。这意味着从 1980 年开始的狂飙突进的上海城市化进程进入收官阶段。当一个以解决有无为压倒性目标的大时代结束后，细分的需求必会填补真空。

2010 年，"金地佘山天境"横空出世，近 6 米的挑高，超大私家游泳池等创新性产品设计为居住者开拓全新的豪宅生活方式。这是金地集团在中国 40 多个城市中顶级的项目之一，也是金地为上海的精英客群准备的一份惊喜。

2017 年的"金地世家"专为城市中产阶级的改善型住宅需求打造。金地世家的叠加户型通过院落实现了有天有地的生活场景。上叠户型的客厅、主卧拥有接近 5 米的奢华大开间；厨房、餐厅以及客厅由北至南依次排布，形成宽敞的竖厅空间，达成南北通透的效果。上叠户型还设置 10 平方米的北侧露台，可用为家政空间；约 45 平方米的顶部空间亦可用为儿童活动室或创作工作室等，满足不同家庭的多重需求。

从 300 余平方米的大宅平墅到城市别墅，从叠加户型到极小公寓 / 极小墅，城市的每一次变化，消费者群体的每一次需求升级，金地都做出了恰逢其时的呼应。不仅如此，金地的思维一直走在时代的前面，它的户型变化引领了消费者对生活方式更深入的思考。

城市的每一次变化，消费者群体的每一次需求升级，金地都做出了恰逢其时的呼应。

Gemdale responds to every city transformation and every consumption demand upgrading timely.

拥抱改变：塑造文脉

WELCOME THE CHANGES: VALUE PRESERVATION

2011 年，"宝山艺境"正式开盘，不到半年时间创下 23 亿元的惊人销售纪录。

宝山艺境是金地"褐石系"的首发产品。褐石街区是起源于欧洲，兴盛于美国的一种建筑形态，波士顿、纽约、芝加哥都有着各具特色的褐石街区。基于维多利亚风格的褐石建筑，其精髓并非外在的风貌，而是典雅庄重的气质和精致的生活态度，它代表了城市中产阶级对生活的想象和追求。

宝山艺境开盘销售时，人们发现从前出现在老上海使馆或者公馆建筑内的旋转楼梯被引入到住宅设计中。这个精雕细琢的公区楼梯能在一瞬间把人们带回到 20 世纪 20 年代的上海——那个业已消失了的场景中。

"包容、多元、精致、腔调"，经过金地萃取的褐石住宅落地上海是一个标志。曾经很长一段时间在上海乃至全国流行着裁剪拼贴的风格化建筑，而金地最终超越了这种简单的模仿，真正回到了上海的历史和城市气质之中。

这种回归并非基于对殖民历史的怀念，而是一种文化自信。这种自信让上海可以宽容地看待自己曾经被迫多元化的历史，也让上海可以在改变了的时代里充分展示属于中国的那一部分。

2012 年，金地开始研究新的产品系——"风华"。中式的围合布局，传统廊檐的灰空间构建，从书法、篆刻中萃取的设计灵感，月门、照壁等中式元素，银杏叶的意象与现代技术的结合……所有这一切有机结合在一起，为当下的人们准备了一场传统中式生活复兴的盛宴。

发展进程中的中国将向世界输出自己的传统精华，输出中国的价值观。改变了的上海将以自己的方式参与塑造"全球城市"这个标准本身，而不仅仅是满足于去成为一个既定的"全球城市"。

在所有这些改变中，都有金地的身影。

Where there is the change, there is Gemdale.

上海宝山艺境实景图

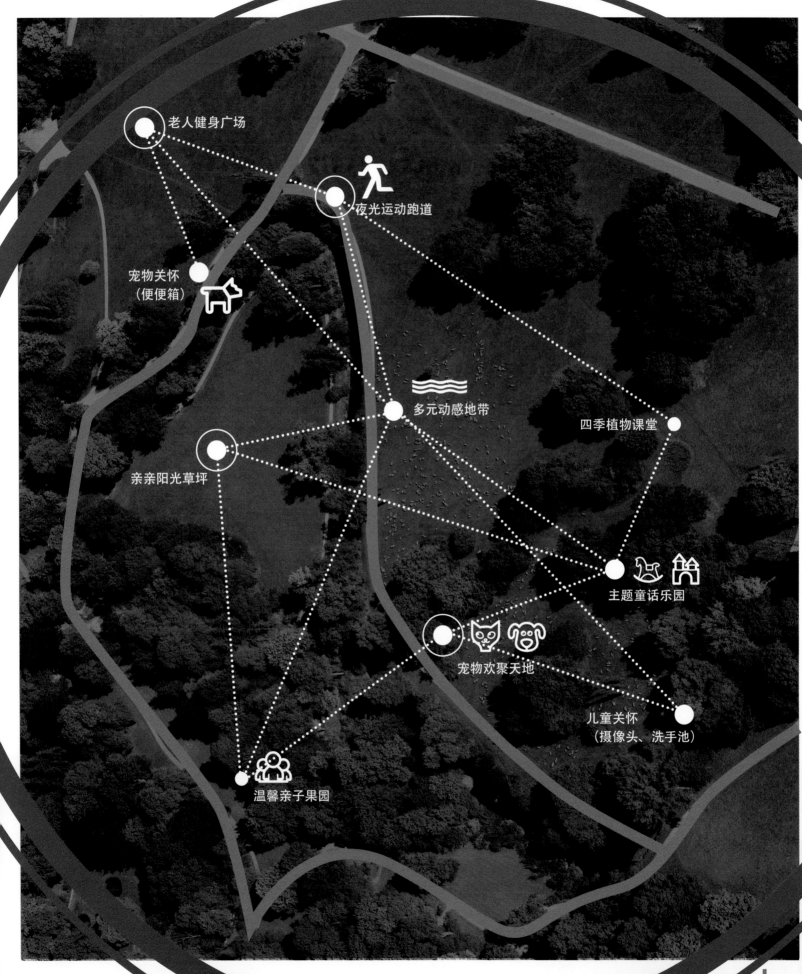

老人健身广场

夜光运动跑道

宠物关怀
（便便箱）

多元动感地带

四季植物课堂

亲亲阳光草坪

主题童话乐园

宠物欢聚天地

儿童关怀
（摄像头、洗手池）

温馨亲子果园

参与改变：情怀下的更新

PARTICIPATE IN THE CHANGES: STYLE RECONSTRUCTION

你知道马拉松是什么时候作为一项全民运动而非竞技体育进入中国的吗？

答案可能让很多人吃惊：1981 年。20 年以后的 2000 年，中国一共举办了 10 场城市马拉松比赛。6 年以后，这个数字变成惊人的 328。如果将其他非注册比赛统计在内，则是 1,237，也就是说在 2016 年，平均每个周末中国就会有 24 场马拉松以及相关跑步比赛。

数字很枯燥，但却反映出人们需要更健康的城市生活的趋势。然而，健康的城市生活并不能仅靠马拉松达成，还有太多的人没有时间和精力去参加比赛，还有很多的人担心街道上跑步的安全问题，还有老人和孩子们呢？

你想象过带有热身区、"加油站"的小区跑道吗？

气候宜人的下午或者夜晚，你来到小区的跑道上，起跑的地方有专门的热身区；所有跑道都在林荫遮盖下，树木提供充足的氧气，阻挡灰尘；跑道中间设置有"加油站"，让你补充水分和休息；跑道专门区分快速道和慢跑道，让不同运动量的人群不会互相干扰。这就是金地在住宅项目里正在做的——基于科学筑家精神，通过洞悉、研究城市生活需求升级带来的新问题，提出科学的解决方式，同时充满人文关怀。

城市在向前发展，生活在向前，金地也在。但同时，金地的目光还在往回看。

金地在华东的第一个项目"格林春晓"，由于建设年代较早，在设计时并没有考虑今天这样完备的运动设施。金地正在研究格林春晓以及周边几个小区内的运动便民设施的更新、改造。

金地人用今天的技术和理念回过头去改造老的住宅小区。

已经建成的项目并不只是卖出了的商品，在金地人的眼里，住宅小区是有生命的，它在不断成长，成熟，它有生长的需求。生活其间的人们有权利享受技术进步、理念更新所带来的生活质量的提升。时间滚滚向前，城市日新月异，而金地不抛下任何人。

金地还率先开始在位于上海嘉定的"金地世家"项目中进行"海绵小区"的试点。包括最大限度减少固化地面，保证雨水渗流的绝对面积；为保证雨水渗透的缓冲，小区配套用房设置屋顶绿化；景观地面全部进行透水铺装，利用植物和土壤减轻对市政管网排水的压力，以及对雨水的收集和再利用等。

不仅如此，金地华东在 2017 年提出的"参与改变"的品牌主张下，积极响应城市更新的政策指引，提出了"文化更新城市"计划，并选择具有百年历史的上海愚园路作为首个项目，通过积极与长宁区政府、建筑师的合作，取得了扎实的成绩。金地华东也由此启动了自身在城市微更新、社区微更新、空间微更新上的参与。

同样是在 2017 年，金地华东提出"艺术改造社群计划"，希望通过艺术形成健康有活力的邻里社区，不仅组织上演剧目，而且陆续在金地社区开展儿童音乐剧、小记者团、美学运动等活动。在金地，业主得到的不只是一个空间，更是基于空间之上的美好内容和关系。

如果说社区微更新、"艺术改造社群计划"代表了金地对人居生活极细微之处的关注，那么城市微更新、海绵社区则是金地对城市的回馈。

从微观到宏观，从人文到科技，上海，正在这样的全维度层面上改变、升级、更新换代。南京、苏州，整个长三角都在升级换代。金地，始终参与其间。

他们不仅仅是在造房子，更是在造生活。

金地人始终秉持着科学筑家的精神，为这座城市里生活过的人们，生活着的人们以及未来会来到这座城市的人们，提供一个爱城市的理由。

With the spirit of scientific construction, Gemdale is a reason for those who have been here, those who are still here, and those who are coming here to love this city.

GIVE BACK TO

金地世家鸟瞰效果图

OMMUNITY AND CITY

如果说社区微更新、景观微气候、"艺术改造社群计划"
代表了金地对人居生活极细微之处的关注，
那么城市微更新、海绵社区则是金地对城市的回馈。

探索·积累
金地产品系列实践
GEMDALE PRODUCTS IN PRACTICE

自 2002 年金地一次性在上海嘉定南翔拿下 130 万平方米的土地开发格林世界，创下上海单个楼盘土地面积之最开始，金地在华东区域的扎根与发展，从来就秉持着以科学的视角和独特的智慧去审视城市发展的脉络与规划方向，预见城市的未来与改变。当然，更没有放弃在时代洪流中对城市里的不同人群加以细致关照。

正是直面城市在不同发展阶段里各类人群对于生活的需要与追求，金地华东不间断、不懈怠地研发并推出一个又一个产品系，以此献给那些在温暖岁月中追寻舒适生活的城市大众、追逐光阴背后点滴美好的中产人群、善于发现真我价值的智富精英、志在传承百年的中国世家、成功道路上一路向前的新富人群，以及用活力绽放青春梦想的城市青年……

这些洞察与关照，都在金地格林系列、褐石系列、天境系列、世家系列、名仕系列、未来系列等产品系中一一体现。与其说金地是在造房子，不如说在造生活。无论是过去、当下，还是未来，金地华东区域公司也都将继续坚持用好的产品实现对城市生活发展趋势的引领。

格林

献给追寻温暖岁月与舒适生活的你

格林系基于中国传统家庭对于情感交流和互动的重视，通过对户型、园林、建筑、服务、配套等全方位的思考和落实，倡导独特的格林生活态度。其在建筑风格上追求简洁与平衡，以现代的方式、丰富的层次体现简练而内涵丰富的气质；景观打造注重还原自然，并体现人文关怀。

天境

献给善于发现真我价值的智富精英

天境系从传统豪宅中去繁就简，诠释了另一种极致享受的生活体验。通过解读新时代高端人群的内心需求，在传统宅邸基础上进行颠覆和创新，作为原创平墅，完美揉合大平层和别墅的精华，呈现现代典雅风格，以享受为尺度，营造阔绰质感的空间，在强化尊贵体验外，引入更多圈层交流场所，践行当代豪宅难得的包容和私密的尊贵。

未来

献给用活力绽放青春梦想的你

未来系通过洞悉城市年轻阶层对创意、活力、乐趣的内心需求，以新潮的元素应用，对位时尚与个性表达；以高效智能的服务体系，关照生活的各个维度；以高生长型的空间，为成长型家庭提供未来生活解决方案；以现代社交思路，打造乐趣圈层生活。未来是一种现代城市生活解决方案，更是未来生活方式的范本。

褐石

献给追逐光阴背后点滴美好的你

褐石系融合褐石故乡波士顿及中国海派文化气质，重现历史和文化积淀，汲取经典元素灵感，孕育出历久弥新的经典。其整体采用红砖、石材、铁艺等材质，廊柱、露台、铁艺窗等经典元素贯穿始终。退台洋房，高低院落，开放、多元的商业街区和浪漫的情趣空间，为现代都会呈现了一个理想的居所形式。

世家

献给志在传承百年的中国世家

世家系契合的是通过居所既完成家族财富管理，又能实现财富和精神在代际间传承的"世家"之需，这样的物业需具有稳定的美学渊源和风格发挥。金地世家通过对欧陆建筑风格和新古典主义风格的汲取，形成"世家"之风。

峯汇

献给引领时代风范的都市新智族

峯汇系有着充分的与时俱进精神，其打造的样本正来自具有创新价值体验的国际化豪宅。峯汇将全方位汲取国际豪宅在多层归家动线、酒店式居住体验、人性而极致的服务打造等方面的经验，并通过鲜明的独特性（如空中花园等方式），实现国际化的生活品质和生活美学。

名仕

献给成功道路上一路向前的你

名仕系特别针对我国城市中兴起的新中坚人群，契合其对于品质生活的追求，着力为他们营造一种生活标高：成为"城市地标"，打造"精工名家"，实现"优雅礼遇"。通过用时尚的手法创新演绎经典，对古典做现代诠释，在怀旧中创新。

风华

献给在繁华间寻找心灵归宿的你

风华系在提取东方传统建筑元素的基础上，创造性地进行再设计，取其意而不取其形，将现代元素和中国传统元素创新性地结合在一起，以现代科学技术与现代人的审美需求，打造富有中国传统文化韵味的建筑，是中国传统居住的风格文化在当前时代背景下的演绎。

商业

献给丰盛商业中体验多彩生活的你

商业产品定位为规模介于2万～6万平方米，服务于周边小区居民为主，商圈半径3公里～5公里的街区商业。强调交流休闲，融合运动健康的功能，营造注重儿童成长的人文环境。

金地集团
Gemdale 科学筑

科学筑家，智美精

Artistic
美学之本，建筑大成

专业之道，惟精惟一

智慧之作，科学智造

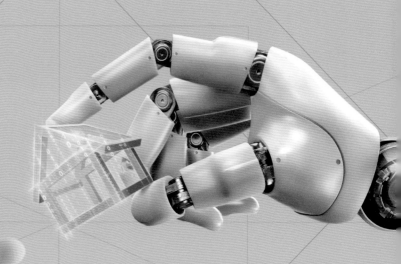

艺境 | 上海宝山
YIJING

宝山艺境对于美国褐石街区
的厚重历史、考究的质地，
有着纯粹而完整的汲取。

宝山艺境建筑立面实景图

宝山艺境是褐石系的首个作品，位于上海市宝山城市工业园区（南区）。项目汲取以波士顿后湾为代表的褐石街区的灵感，引入开放式商业前区、BLOCK 街区布局的多层住宅组团、形象化入口等概念，在营造场所感的同时，提供一种注重人性尺度、公共资源共享、邻里交往的生活氛围，这也成为褐石系的核心概念。

宝山艺境将对城市完全开放的商业街区作为第一道界面，再由外及内地形成相对开放的大小不同的居住聚落，从而营造出舒适宜人的街区氛围，在 2011 年开放之时，在国内的居住项目领域带来全新的体验，一改以往居住社区缺少社区氛围营造，以及随之带来的社区体验感差、邻里互动少等问题。

BROWN STONE

产品类型：高层住宅、多层住宅、配套商业
项目地点：上海
开放时间：2011 年

用地面积：**91,359** m²
建筑面积：**256,140** m²

INSPIRED BY THE ICONIC BROWNSTONE COMMUNITY - BACK BAY OF BOSTON

宝山艺境建筑立面局部实景图

艺华年 | 上海浦东
YIHUANIAN

艺华年延续褐石风格，通过独特的建筑元素和富有设计感的手法，营造一种具有生活情境的情调艺术。

艺华年建筑立面实景图

艺华年住区外景实景图

艺华年位于上海市浦东新区航头镇中心的核心地段，是继宝山艺境之后对褐石系更深入研究和思考的实践项目。艺华年以精装叠墅为主，涵盖平层官邸、花园公寓，通过对褐石街区氛围的营造，呈现一处低密度高端住宅社区。

BROWN STONE

产品类型：多层住宅、配套商业
项目地点：上海
开放时间：2012 年

用地面积：**177,900** m²
建筑面积：**353,975** m²

BROWNSTONE STYLE IN YIHUANIAN IS INSPIRED BY THE BROWNSTONE BUILDINGS OF UNITED STATES WHICH ARE FULL OF HISTORY AND ELEGANT TEXTURE.

艺境 | 上海松江
YIJING

在社区规划和设计中，项目旨在提供一种美好的生活方式，让在此居住和停留的人体验到真切的街道的感受以及舒心、宜人的人居氛围。

松江艺境位于上海市松江区西南角，距离轨道交通9号线松江站直线距离6公里。项目在空间规划上希望形成对内私密含蓄，对外营造些许怀旧文化风情的综合型城市新社区形象。7层多层住宅和10层、11层住宅通过不同的高度组合丰富城市天际线，而较低密度多层住宅产品的引入则能达到提高区域整体品质的目的，进而提升周边区域的地段商品价值。

项目结合景观空间利于形成多样化的组团氛围，增强住户归属感、识别性，关注细节设计，尤其是关注有利于氛围营造的设计细节、模块、构建、工艺等，呈现颇为经典的褐石建筑风格。

松江艺境建筑立面实景图

BROWN STONE

产品类型：多层住宅、小高层住宅
项目地点：上海
开放时间：2013 年

用地面积：**64,993** m²
建筑面积：**127,192** m²

SONGJIANG YIJING IS TO DEMONSTRATE A GRACEFUL LIFESTYLE.

天地云墅 I 上海宝山
TIANDIYUNSHU

在褐石街区主题下引入开放式公共景观主轴、多层洋房别墅组团、舒适大平层公寓、风情商业街界面等概念。

天地云墅示范区建筑立面实景图

天地云墅位于上海市宝山区顾村，项目延续的褐石街区的风情文化与上海的文化底蕴相契合，表达的是城市居住者对于具有温情、浪漫的和谐生活氛围的向往。位于项目西南角的商业街区的规划设计，为项目带来鲜明特色，加强了城市界面形象的提升。在景观上设置层次分明的开放空间和褐石主轴，满足不同使用功能，创造建筑与环境相互融合的人居环境。

BROWN STONE

产品类型：高层住宅、多层洋房、配套商业
项目地点：上海
开放时间：2015 年

用地面积：**129,336** m²
建筑面积：**244,028** m²

THE SCENERY OF PROJECT IS PLACED WITHIN BROWNSTONE COMMUNITY.

褐石

积木 | 上海松江
JIMU

为城市营造良好的人文社区，为城市居住者增加交往空间和机会，同时展示丰富的文化风情和独特的城市形象。

积木项目示范区建筑立面实景图

金地积木位于上海松江区车墩镇，致力于在符合城市空间整体发展要求的基础上，通过项目为城市增添活力，成为区域性地标。植入与上海文化底蕴相契合的褐石街区的风情，营造温情、浪漫、和谐的人文生活氛围。

BROWN STONE

产品类型：高层住宅
项目地点：上海
开放时间：2016 年

用地面积：**44,942** m²
建筑面积：**924,933** m²

TO FOUND A HUMANITY COMMUNITY IN CITY.

双都汇 | 上海松江
SHUANGDUHUI

双都汇住区示范区实景图

BROWN STONE

产品类型：多层住宅
项目地点：上海
开放时间：2017 年

用地面积：**65,296** m²
建筑面积：**129,574** m²

TARGET: TO EXPERIENCE EXQUISITE LIFE IN SHANGHAI STYLE.

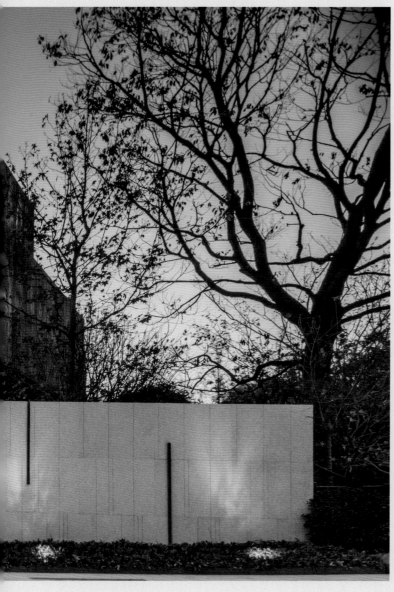

双都汇位于上海松江区，定位于创造享受高端品质海派风情的都市慢生活体验社区，在规划上重现上海老洋房背景下的精致生活，以及在自然、和谐的原则中变幻出海派风尚生活空间。

双都汇住区公共空间实景图

○ 褐石

玺华邨 | 上海泗泾
XIHUACUN

*提出"褐石庄园"的概念,
在褐石街区基础上体现出大
宅气质,并引入现代拼贴手
法和材料元素,呈现出艺术
氛围。*

位于上海泗泾的玺华邨项目,是金地褐石系产品提升的落地和实
践。作为金地在泗泾板块的大规模用地中的一部分,玺华邨在大
盘规划和设计的背景下,在街道的尺度、氛围,公园、广场等公
共空间,以及商业和学校配套等方面,有着更充分的条件实现纯
粹意义上的褐石街区。

在以往褐石产品的基础上,玺华邨在整个空间和立面氛围上实现
升级,项目以洋房、联排和叠加别墅为主,提出褐石庄园的概念,
在立面设计上体现出大宅的气质。公共区域在使用红砖的同时,
引入现代的拼贴手法和材料元素,更呈现出艺术氛围。

玺华邨示范区公共空间实景图

BROWN STONE

产品类型:高层住宅、别墅
项目地点:上海
开放时间:2016 年

用地面积: **75,189** m²
建筑面积: **101,746** m²

INTRODUCING THE DESIGN CONCEPT OF BROWNSTONE ESTATE.

浅山艺境 | 南京
QIANSHAN YIJING

浅山艺境住区广场实景图

浅山艺境建筑立面实景图

浅山艺境位于南京江北板块，毗邻顶山都市产业园、浦口新城，北靠老山风景区。项目以经典褐石建筑为蓝本，精工铸造。山花坡顶、铁艺栏杆、庭院生活，以及独具特色的建筑细节与艺术化的景观小品组合成一幅幅文艺且奢雅的生活画卷，代表着一种富足、美好、雅致的生活状态。

BROWN STONE

产品类型：多层住宅
项目地点：南京
开放时间：2015 年

用地面积：**74,155** m²
建筑面积：**88,989** m²

RE-INTERPRETATION OF BROWNSTONE DESIGN.

风华

平江风华 | 苏州
PINGJIANG FENGHUA

平江风华位于苏州市姑苏区平江新城的核心地段，作为风华系产品，这个项目在传达东方文化和生活传统之外，旨在传递独有的城市文化。

由社区的主入口延展出的主轴，延续了平江古城的肌理，通过入口广场、精品水院、下沉庭院形成三进院落，起承转合中将山、水、沙、石、绿植串联在一起。同时，住宅和商业的立面呈现出对苏州传统建筑元素抽象化的提炼。通过屋顶宽大的挑檐，住宅山墙面的收边、缺角，以及商业部分内衬金属花格的玻璃幕墙、整体铝板镂空形成的装饰花格等，平江风华成为只能在苏州出现的在地建筑。

平江风华示范区院落空间实景图

CHINA CHIC

产品类型：小高层、商业配套
项目地点：苏州
开放时间：2016 年

用地面积：**24,325** m²
建筑面积：**39,631** m²

THIS IS TO EXPRESS NOT ONLY THE ORIENTAL CULTURE AND LIFE TRADITION, BUT ALSO A MANIFESTO OF ITS UNIQUE CITY IDENTITY.

风华

金地中心 · 风华 I 南京
JINDI CENTER FENGHUA

金地中心 · 风华示范区入口实景图

产品类型：高层住宅、配套商业
项目地点：南京
开放时间：2016 年

用地面积：**38,207** m²
建筑面积：**132,924** m²

CHARACTERISTIC OF CHINA CHIC: VOGUE, MODERNITY AND SENSE OF BELONGING

金地中心·风华示范区院落空间实景图

金地中心·风华是金地风华系第一个落地的项目，位于南京城市发展新的核心区域河西板块，着重体现时尚、现代和归属感，尤其是通过"落落风华"，在城市居住中实现东方式的复兴。

项目对中式元素的汲取一开始就没有局限在传统建筑上，而是着眼于对书法、篆刻、门窗花格等更广泛的传统艺术、工艺类型上的挖掘。无论是居住建筑还是公共空间，均通过抽象与提炼传统建筑、工艺、家具、装饰等品类，以现代人能够欣赏的形式进行解构和重构，实现东方意象与现代手法的融合。

名仕

酩悦 | 扬州
MINGYUE

酩悦建筑沿街立面实景图

扬州酩悦是金地名仕系产品，包含高层和洋房，以高层为主，强调非常强烈的纵向感。建筑采用大量光面花纹的石头，结合高饱和度的灯光、铜饰等，既有着新古典的讲究轴线、纵向带来的崇高感，又回应了项目所处的扬州市新城西区作为综合型新兴城区体现的活力。

EMINENCE

产品类型：高层住宅
项目地点：扬州
开放时间：2016 年

用地面积：**160,071** m²
建筑面积：**439,161** m²

THE DESIGN EMPHASIZES THE IMPRESSIVE VERTICAL AXIS.

名仕

名悦 丨 苏州
MINGYUE

苏州名悦是金地名仕系产品，位于苏州高新区，其目标是成为"城市地标"、打造"精工名家"、实现"优雅礼遇"。项目汲取了新古典主义建筑风格中的突出表现要素——轴线，在南北方向上，通过三进院落形成中轴景观，并注重形成良好的城市界面，对城市友好。

名悦建筑立面效果图

名悦住区入口效果图

EMINENCE

产品类型：小高层、高层住宅
项目地点：苏州
开放时间：2016 年

用地面积：**64,717** m²
建筑面积：**187,459** m²

FRIENDLY INTERFACE WITH THE CITY.

天御 I 上海青浦
TIANYU

天御建筑立面实景图

天御东苑区入口实景图

天御位于上海青浦，这里是传统的西部别墅区，人居氛围成熟，日常生活设施和商业配套齐全，因此对产品有着相当高的要求。项目创新性提出"平墅"概念，不仅拥有别墅的所有优势和特点，同时具备其无法企及的优势，包括将所有空间在同一个平面布局等。建筑亦摒弃传统高端住宅市场的各种风潮和符号，形成大气、典雅的气质。

AZURE

产品类型：多层住宅
项目地点：上海
开放时间：2010 年

用地面积：**83,645** m²
建筑面积：**159,868** m²

INSTEAD OF ADOPTING SYMBOLS AND TRENDS IN THOSE SO-CALLED "HIGH-END" RESIDENCE, AZURE ESTABLISHES HER OWN AURA OF GRANDEUR AND ELEGANCE.

天境 I 上海青浦
TIANJING

天境位于上海中心城区西郊的赵巷，距离佘山约 2.5 公里。项目通过组团岛式的围合空间，追求舒适、具有尊贵感的生活氛围。或古典、或具有南方民居聚落特征的外部建筑形象和贴近自然与环境相融的内部空间，共同营造具有质感的生活方式。

天境院落空间实景图

AZURE

产品类型：多层住宅、合院别墅
项目地点：上海
开放时间：2011 年

用地面积：**210,228** m²
建筑面积：**400,481** m²

TO FORGE A LIFESTYLE OF FINE TOUCH.

世家

金地 · 世家 | 上海嘉定
JINDI · SHIJIA

金地 · 世家示范区入口实景图

ARISTO

产品类型：高层住宅、多层别墅
项目地点：上海
开放时间：2016 年

用地面积：**61,590** m²
建筑面积：**150,460** m²

GEMDALE BELIEVES "LESS IS MORE" WHEN IT COMES TO NEOCLASSICAL ARCHITECTURES IN CHINA.

金地·世家位于上海嘉定新城核心区，是世家系在金地华东区域呈现的首个项目。无论是项目自身的高定位，还是来自外部环境的优势带动，项目都致力成为既延续世家系定位要求，又契合上海城市精神、具有在地性的产品。

在产品风格上，金地·世家简化国内传统新古典主义建筑的做法，尤其是摒除过多的、烦琐的装饰和线条，更接近新古典主义的核心。

这一项目还率先实现了海绵城市的诸多做法，充分践行社会责任。

金地·世家建筑立面实景图

公元 2040 ｜上海浦东
GONGYUAN 2040

公元 2040 示范区建筑立面实景图

产品类型：高层住宅、商业配套   用地面积：**140,253** m²
项目地点：上海   建筑面积：**266,480** m²
开放时间：2016 年

IN THE FUTURE, THE COMBINATION OF MODERN AND CHINESE STYLES WILL PRESENT A CONCISE, ELEGANT AND ATMOSPHERIC ARCHITECTURAL NATURE.

公元 2040 位于上海浦东祝桥，包含高层住宅、叠墅等居住业态。未来将通过现代和中式风格的结合，呈现简洁、典雅、大气的建筑气质。在现代建筑风骨之内，借墙、进、径等东方建筑元素，以及对景、框景等江南园林造园手法，致力在现代都市中营造一处既充满东方神韵、又能引领未来生活方式的"自然"之地。

公元 2040 示范区建筑室内空间实景图

滁州

扬州

合肥

南京

常州

金地华东区域项目业务分布示意图（部分）

PROJECT MAP OF GEMDALE RE EAST CHINA

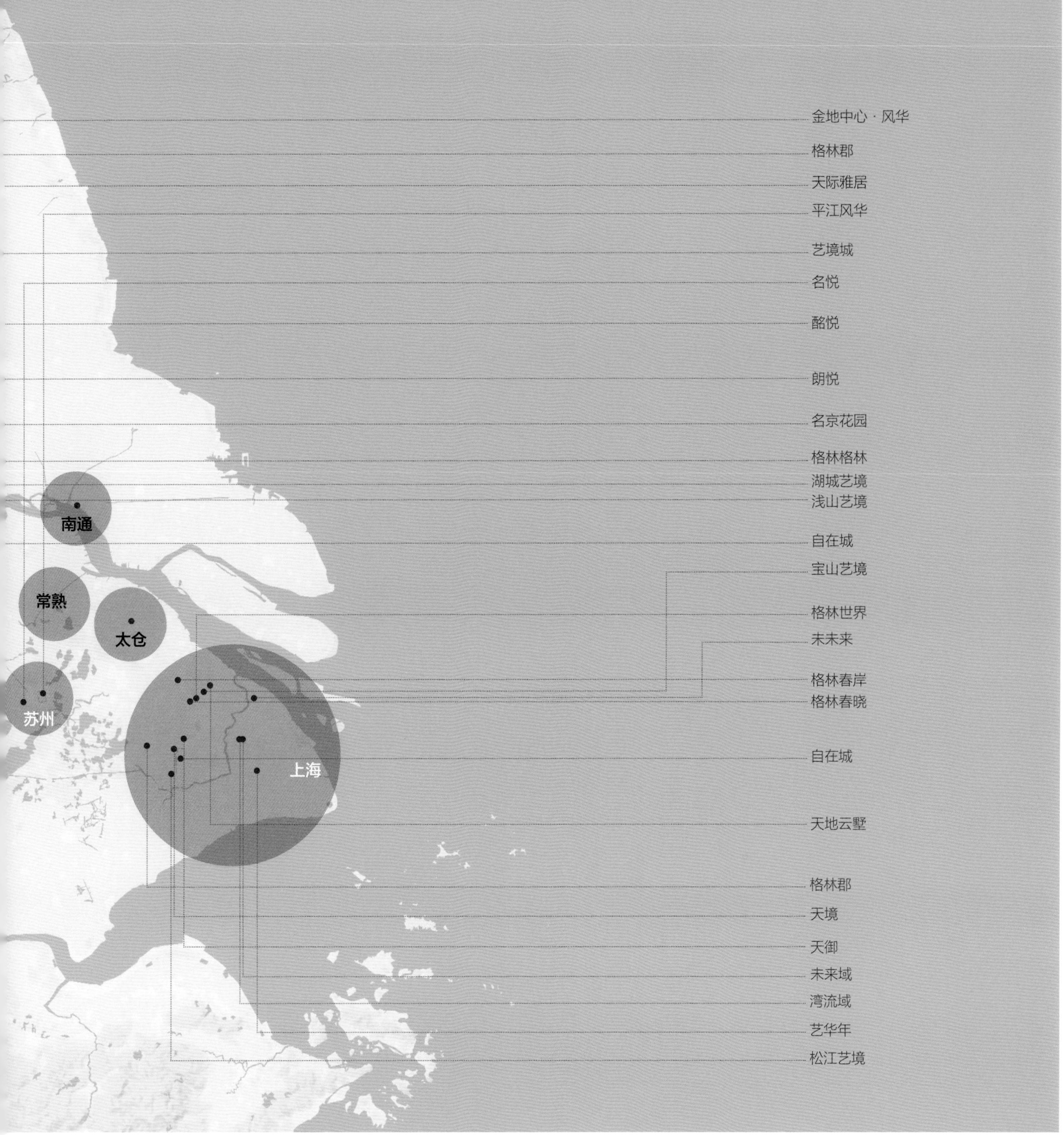

南通

常熟

太仓

苏州

上海

金地中心·风华

格林郡

天际雅居

平江风华

艺境城

名悦

酩悦

朗悦

名京花园

格林格林

湖城艺境

浅山艺境

自在城

宝山艺境

格林世界

未未来

格林春岸

格林春晓

自在城

天地云墅

格林郡

天境

天御

未来域

湾流域

艺华年

松江艺境

梦想·造城

DREAM & WONDERLAND

在南翔，在泗泾，金地所做的远不止盖楼，它造起了一个个小城，并让它们有效地融入城市的肌理，甚至带动整个区域的经济发展，反过来改造着城市。
改造路径不是通过视觉，而是通过生活方式。

What Gemdale did in Nanxiang and Sijing, is more than building houses.
Indeed it forged little towns which effectively fused into the flow of the big cities.
Those little towns contributed to regional economic growth, revamping the urban.
The changes are not through visual, but lifestyle.

格林世界：繁荣一个城镇

GREEN WORLD: EVOLVING THE TOWN

2004年，时任金地项目经理的李建平带着金地的工作人员进入嘉定区南翔镇的施工场地。当他们看着周围一眼望不到边的杂草丛生的河湾地时，大概很难想象今后这里的模样，南翔当地人更无法想象。

这片荒地面积约130万平方米，是当年上海最大的单个楼盘。回忆起当年的情况，李建平仍然心有感戚："遍地都是差不多到膝盖的杂草，当时还有一些木材厂、石材厂没有完成拆迁，另外有一些地出租出去作其他的用途，总之杂乱无章。而且这个区域那时候对上海人来说是绝对的乡下。以前上海人到南翔都是来郊游的，不仅偏远，甚至有些破败，用上海话来说，这里属于'下只角'。"

但金地人还是在这里扎下根来，多年过去了，这片荒地变成格林世界——是金地在上海乃至华东最大的项目。

"我觉得最大的亮点就是整个小区环境，包括公园、河道、市政道路以及绿化，这是格林世界区别于其他楼盘的亮点。而且它面积巨大，所以给客户的感觉非常震撼。"李建平这样评价格林世界。

人们常用水网来形容江南的地貌特征，纵横的河汊虽是长三角地区的特色，但有时也会成为建筑与交通的障碍。金地很早就认识到这种原生地貌对居住环境的作用。从某种意义上说，格林世界不仅仅是一个住宅社区，更是一座城市公园。

"至2035年，全市森林覆盖率达到23%左右，人均公园绿地面积达到13平方米以上"——摘自《上海市城市总体规划（2017—2035）》。城市公园是未来上海是否绿色、生态，是否宜居的决定性因素。

在全上海，格林世界的业主互动可以说是数一数二的，每个傍晚业主带着宠物们来到公园的宠物专区惬意交流，双休日会有不少社区里的中老年业主自发在公园的下沉式广场内组织合唱团，六一儿童节有专门的儿童画比赛，世界杯风情街里有啤酒畅饮、球迷欢聚。而到了炎炎夏日还有游泳比赛让热爱运动与生活的业主畅游切磋。

这就是金地的远见，大到2035城市蓝图，小至人居生活的细枝末节。

金地入驻南翔的时候，整个南翔镇的常住人口不到5万，到2010年前后，据第六次全国人口普查给出的数据，南翔镇常住人口已经飙升到14万。几年时间，这个曾经的千年古镇像发酵的面包一样膨胀起来。南翔以及它所在的嘉定区不仅接纳了更多的来沪人员，还开始承接市中心向周边疏解的人口。

紧随金地之后，华润、和记黄埔等多家房地产公司进入南翔，开发包括住宅、商业用楼在内的物业。在这个基础之上，才有了南翔镇的新城。

未来几年，南翔将重点打造中央CBD、文化创意产业园、轻游戏产业园，以及花园国际商贸中心。其中，南翔CBD将被打造成能容纳35万常住人口的居住新区及聚集15万白领的高端企业总部商务区，未来南翔将是沪上经济文化的又一个中心。这一切的美好，追根溯源，金地格林世界的带动作用是不能忽视的。

超过8000个家庭居住在格林世界这个巨大的混合社区里，共享着湖、河与果岭。

Over 8000 families dwell in the gigantic complex of Green World where there are lakes, rivers, greens, and parks for all.

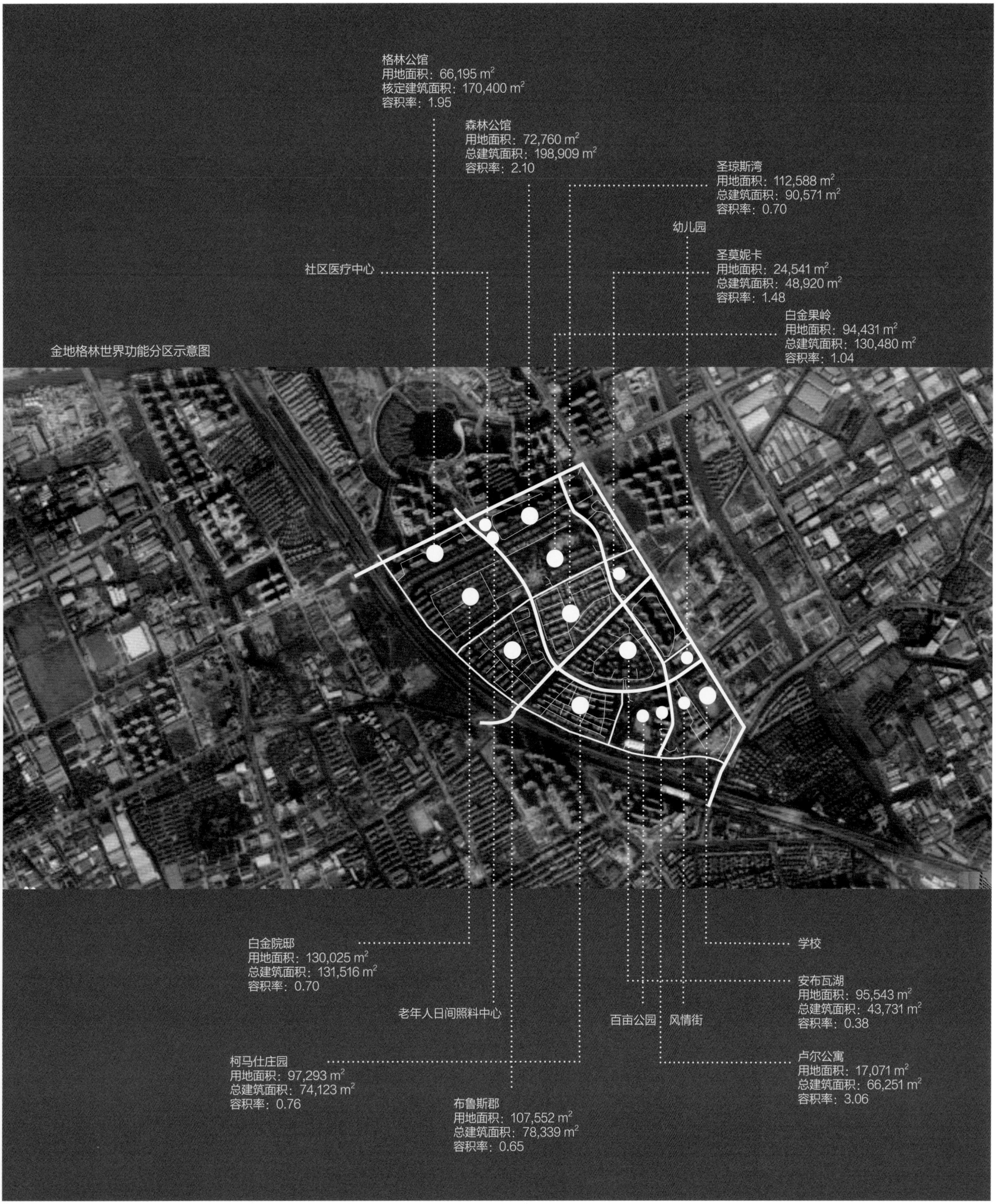

金地格林世界功能分区示意图

格林公馆
用地面积: 66,195 m²
核定建筑面积: 170,400 m²
容积率: 1.95

森林公馆
用地面积: 72,760 m²
总建筑面积: 198,909 m²
容积率: 2.10

圣琼斯湾
用地面积: 112,588 m²
总建筑面积: 90,571 m²
容积率: 0.70

幼儿园

社区医疗中心

圣莫妮卡
用地面积: 24,541 m²
总建筑面积: 48,920 m²
容积率: 1.48

白金果岭
用地面积: 94,431 m²
总建筑面积: 130,480 m²
容积率: 1.04

白金院邸
用地面积: 130,025 m²
总建筑面积: 131,516 m²
容积率: 0.70

学校

老年人日间照料中心

安布瓦湖
用地面积: 95,543 m²
总建筑面积: 43,731 m²
容积率: 0.38

百亩公园 风情街

柯马仕庄园
用地面积: 97,293 m²
总建筑面积: 74,123 m²
容积率: 0.76

卢尔公寓
用地面积: 17,071 m²
总建筑面积: 66,251 m²
容积率: 3.06

布鲁斯郡
用地面积: 107,552 m²
总建筑面积: 78,339 m²
容积率: 0.65

格林世界风情街实景图

格林世界栖林路景观实景图

格林世界白金果岭公园实景图

格林世界河道景观实景图

格林世界百亩公园实景图

多元配套

格林世界在设计之初就保留了四条河道，按照马赛旧港的模式打造了吾尚塘完整的沿河景观带，辅之以人工湖、百亩生态公园、高尔夫球场、不惜成本种植的两万株大型乔木，打造出包括公园、河道、市政道路、绿化以及学校、幼儿园和商业风情街等多元配套的宜居之城。

格林世界·森林公馆实景图

格林世界·圣琼斯湾实景图

混合社区

格林世界在 130 万平方米的土地上，打造了包含高层公寓、叠加、洋房、别墅等种类的大型混合社区。

格林世界·白金院邸实景图

格林世界·格林公馆实景图

格林世界·安布瓦湖实景图

‖自在城 激活一片区域‖

ZIZAI CITY, EVOKING THE SURROUNDINGS

一个项目繁荣一个城镇，一个楼盘激活一片区域。

这样的"先行者传奇"并不只有格林世界一个孤例。

2012 年，金地进驻上海松江泗泾镇。那一年，泗泾镇的房价还在每平方米 1 万元左右徘徊，如今，这个数字已经飙升到近 5 万元 / 每平方米。这当中自然有中国一线大城市房产价值上升的大趋势，但金地自在城对泗泾镇房地产的带动作用依然得到公认。

泗泾项目的地块最早是全住宅，但金地并没有简单地建起一个楼盘卖掉了事，他们的目光甚至都没有仅仅局限在这个项目里。

泗泾项目以泗陈公路为界分北区和南区。南区占地约 406,200 平方米，规划人口约 1.28 万人。轨道交通 9 号线泗泾站就在南区的东北侧，项目南侧则有着水面宽达 120 米的现状河流。

南区的整体规划，在基地东西方向规划了两大轴线：一是充分利用泗泾站对地块的辐射作用，将地铁站点的商业和人流导入，从而形成一条商业公建轴。沿这条轴线两侧布置学校、社区中心，以及不同规模的商业广场等设施。另外一条绿化生态轴则充分利用地块内原有的水景资源，沿河流打造开放式的滨水景观公园，并在主要节点设置亲水平台。整个南区在开发建设上通过 9 个地块进行，除了社区中心、幼儿园和学校等公建配套，居住建筑亦涵盖了洋房、联排别墅、高层等各个类型。

与格林世界类似，泗泾项目也有着系统的大盘氛围，来自上海柏涛的项目设计师胡桥介绍，"这个项目在规划之初就被视为一个大盘来统一考虑，设置了不同尺度的公共活动空间，包括在贯穿项目的东西向泗宝路上设置 3 个口袋公园式的入口广场，以及 2 个更大尺度的中心广场。这些街角形成的广场将在未来提供非常丰富的市民活动空间。"

对此，胡桥这样评价："金地的确损失了自己的利益来实现整个区域的规划和城市设计的完整性。"

当一个企业心怀着这样的理想，它的眼里就不只有项目，更有城市。

城市的梦想，正立基于此。

金地的确损失了自己的利益来实现整个区域的规划和城市设计的完整性。

Gemdale sacrifices its own interests to maintain the integrity of the entire urban area.

商业公建轴

社区中心
用地面积: 8,668 m²
总建筑面积: 17,336 m²
容积率: 2.00

金地自在城二期
用地面积: 129,376 m²
总建筑面积: 271,774 m²
容积率: 2.10

绿化生态轴

山语原墅

金地玺湾
用地面积: 41,983 m²
总建筑面积: 113,314 m²
容积率: 2.00

金地自在城南区功能分区示意图

路线

学校

学校

金地玺悦
用地面积: 29,737 m²
总建筑面积: 62,397 m²
容积率: 2.10

金地自在城六期
用地面积: 52,170 m²
总建筑面积: 33,389 m²
容积率: 0.64

布朗思东
用地面积: 71,997 m²
总建筑面积: 136,243 m²
容积率: 1.89

金地玺华邸
用地面积: 75,190 m²
总建筑面积: 105,190 m²
容积率: 1.00

项目在规划之初就被视为一个大盘来统一考虑，
设置了不同尺度的公共空间，
在未来将提供非常丰富的市民活动空间。

金地自在城南区玺华邨项目示范区实景图

金地 玺華邨
TREASURE IN CITY

玺华邨住宅建筑实景图

玺华邨示范区室内实景图

玺华邨示范区实景图

自在城商业空间实景图

自在城商业街区实景图

玺华邨示范区艺术雕塑实景图

成熟的大盘氛围

金地自在城以泗陈公路为界分南、北两区，仅南区就通过
9个地块分期开发，规划人口约1.28万人，除了社区中心、
幼儿园、学校等公建配套以及大小、类型不一的公共空间，
居住建筑亦涵盖洋房、联排别墅、高层等多种类型。

融入·文脉

FUSION & CULTURE

风格容易被借鉴，但生活是每个人、每个家庭、每个城市所独有的，它从来无法复制。
和生活本身的独特性一样，褐石、世家、名仕、风华——达地知根、尊重城市、尊重土地，
这种敬畏与尊重并举的态度，最终让它们成为一件件无法被复制的作品，
甚至是一件件值得被收藏的作品。

Styles can be easily imitated, whilst life is unique for each individual, each family, and each city.
Just like the uniqueness of life, BROWN STONE, ARISTO, EMINENCE, CHINA CHIC can never be duplicated, because they follow the principle of
respect and admiration to the city and the land, which eventually makes them as masterpieces worth collecting.

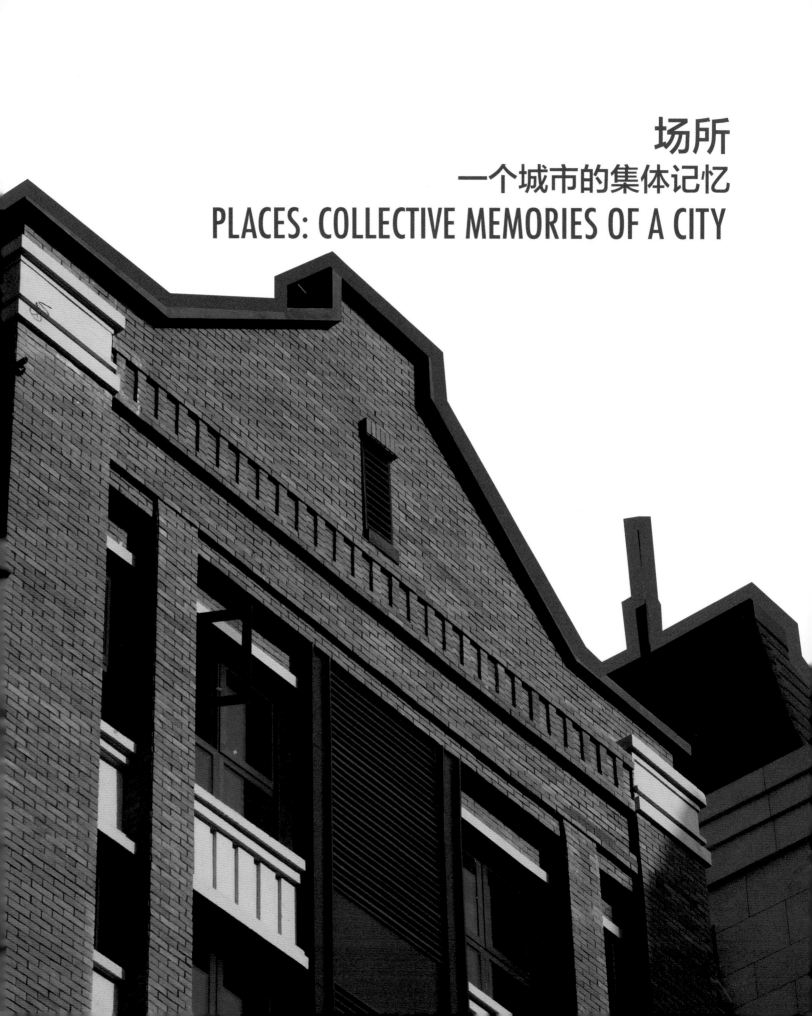

场所
一个城市的集体记忆
PLACES: COLLECTIVE MEMORIES OF A CITY

溯源：从波士顿到上海

THE ORIGIN: FROM BOSTON TO SHANGHAI

2011 年的上海房地产市场，面临着"史上最严"的调控期，从 1 月 26 日"新国八条"、1 月 27 日上海房产税政策，到 7 月 26 日"上海地方四条"的相继落实和深入，使得当年市场的关键词之一就是"成交低迷"。

就是在低迷的市场中，上海宝山的一个楼盘，从 2011 年 7 月开盘至年底，创下了 23 亿元的销售额。这个名为宝山艺境的项目，是金地集团经 2 年多的研发和建设周期后，推出的一个新产品系——褐石系的首发作品。即使市场不景气，宝山艺境一个项目的销售额，还是在当年金地上海公司总销售额（48.79 亿元）中占到将近一半的份额。

早在 2009 年，上海柏涛（以下简称柏涛）总建筑师任湘毅和他的设计团队接受宝山艺境项目的设计任务。面对当时国内住宅市场上常见和受欢迎的法式、新古典等建筑风格，如何超脱这些所谓的符号或风格，通过产品打造出具有品质感的生活氛围、引导新的生活方式，迅速在金地和柏涛的设计团队之间达成共识，"褐石"则成为共识之下的载体。

褐石建筑兴起于欧洲，兴盛于美国，红褐色砖墙是其最为突出的特点。伴随着 19 世纪上半期欧洲移民大量涌入美国，褐石建筑在英式维多利亚建筑风格基础上，结合各国移民自己的文化渊源、生活阅历，做出调整和改变，形成了多元化的风格。在美国纽约、芝加哥、波士顿等城市，都不乏典型的褐石街区：狭窄的街道、砖砌的人行道、山花坡顶、铁艺栏杆。漫步其中，街角边时不时出现一些摆在门前空地上的露天咖啡桌椅，阳光透过街边的绿植，斑驳的光影斜斜地打在红砖墙面上。

这样的风情和氛围，较之东方都市上海，似乎迥然不同，又好像似曾相识。一块块上海红砖垒起了一幢幢精致的石库门建筑，同样也堆砌起了近代上海历史中的激情澎湃与风花雪月。褐石对于多元文化的包容，时光留下的痕迹和厚度，具有质感的生活调性的塑造，同样体现在上海这个城市的底蕴和气质中，这也让褐石街区在中国找到了落地的土壤。

在对全美范围内褐石街区和褐石建筑考察基础上，设计团队将研究的范本集中在波士顿的后湾（Back Bay）。在这个美国最古老、最具有历史文化价值的城市中，后湾与附近的灯塔山是波士顿最昂贵的 2 个住宅区之一。后湾的形成和建造集中在 1855 年至 1920 年近 70 年的时间里，因其珍贵的历史和建筑价值，名列美国《国家史迹名录》（National Register of Historic Places），亦被看作美国保存最为完好的 19 世纪建筑街区。甚至在 1966 年，波士顿所在的马萨诸塞州议会创立了后湾建筑街区 (Back Bay Architectural District)，通过该组织委员会对后湾地区建筑外观和立面的控制，从而保护区域内的建筑遗产。

任湘毅解释，"我们关注两个问题，一是街区氛围。后湾地处波士顿环境最优美的区域，运用最好的规划理念，所有支路关系和它的路网密度是一种毛细血管状态，交通不会拥堵，实现便利的可达性，公共资源的共享性，还有邻里之间的交流。由此带出其中居住人群的生活状态，他们属于社会中产阶级偏上，生活富足，讲究生活品质。二是褐石建筑的工艺和材质关系做得非常细腻和考究，即使经历了 100 多年的时间，这些房子依然非常漂亮，尤其现在还可以在一些细节上看到主人对房子倾注的心血，这也反映了中产阶级对于生活的态度。"

无论是以波士顿后湾为代表的褐石街区所营造的开放街区氛围、强调公共资源的配置等，还是住在其中的高智识、高社会地位人群对于社区氛围的引导和营造，都成为金地褐石系产品以及金地艺境项目的核心概念。

The core concepts of Gemdale Brownstone collection and Yijing project involve the strategies of the open-community ambience and the well-planned public resources, as well as the community atmosphere establishment done by highly educated social elites.

波士顿褐石街区实景图

"褐石"的西风东渐

褐石建筑兴起于欧洲，兴盛于美国，红褐色砖墙是它最为突出的特点。金地褐石系产品借鉴波士顿后湾这一历史街区的经验，包括街区氛围的塑造，对多元文化的包容，具有质感的生活调性的塑造等，都同样体现在上海这个城市的底蕴和气质中，这也让褐石街区在中国找到了落地的土壤。

波士顿褐石街区实景图

EAST
MEETS
WEST

波士顿褐石街区实景图

上海近代教堂建筑实景图

宝山艺境建筑实景图

在地：场所性格的塑造

THE LOCATION: HOW TO SHAPE A SITE

虽然确立了褐石的定位和理想状态，但对于设计团队来说，将褐石风格以及手法等引入金地的产品中，是非常具有挑战的过程。"每种建筑风格及其手法都是千变万化的，并没有我们中国所谓的对于英式、法式风格的教条式的单一理解，就像中国人做中国式的建筑会做得很放松，外国人做就会做得很拘谨，生怕会做出一些不太合适的状态。"到了引入褐石建筑时，设计团队反而站在了他所言的"外国人"的立场，"在大量的调研后，我们放弃了对于所谓原版建筑风格的克隆，更多的是把一些色彩、一些最典型的符号特征包括山花的形式等，进行提炼，其最终形成的效果，是我们在户型以及其他一些功能性上做了因地制宜后的结果。"

设计团队最早较为关注的是街区空间格局、规划逻辑、立面风格的元素把握等。在对宝山艺境的客户做的访谈中发现，"我们原来过于矫情地使用一些所谓原汁原味的符号，或是专业语境中的建筑手法等问题，客户并不关注，他们更关注的是整个街区里营造出来的服务体系或是提供了什么样的场所。"

对于这个问题，宝山艺境很有代表性。这个项目有30% ~ 40% 的商业配套要求，最初的方案是将商业属性的建筑做成 1 ~ 2 个办公塔楼，不仅能形成较为瞩目的城市天际线，相应也平衡出了更多的居住空间。然而塔楼带来的城市界面与想要营造褐石街区氛围的初衷相差甚远。推倒重来后，最终在地块南侧形成了 3 个围合的聚落式建筑，通过这样的方式将这部分用地从较大的尺度转变为有着怡人尺度的步行环境的街区。

这些对城市完全开放的商业街区成为第一道界面，再往地块的北侧和东侧推进，又形成相对开放的大小不同的居住聚落，其中同样营造出舒适宜人的街区氛围。"我们强调的核心是场所营造或者说是场所性格的塑造。在这个项目之前，国内不少项目仅满足居住功能，很少关注和体现人在社区里行进过程中的感受，随之带来对社区生活的参与度低、体验感差，邻里之间的互动当然也较少。"

不仅如此，宝山艺境对于褐石街区具有的历史的厚重、考究的质地，有着纯粹而完整地汲取。在任湘毅的回忆中，当时很多来看项目的客户，进入洋房的公共大堂后，不乘电梯，反而要走楼梯。就在门厅的一侧，能看到一个精装修的旋转楼梯，到达每层时还形成一个非常宽裕的公共平台，这个画面宛如来到某个老上海的使馆建筑中，东方和西方、过去和当下，就简单地在这个楼梯所形成的公共空间中奇妙融合。

对于金地和设计团队而言，"我们理解褐石，它是一个平台或一个容器，这个容器提供的是一种生活方式和生活状态，这种生活状态是由于有了这么一个建筑风格作为背景的引导，再加上特定的空间和维护状况，最终达到一个非常综合的结果。"

For the design team, "Brownstone is a platform or a vessel. The vessel provides a lifestyle or a state of life. The state of life is achieved by mixing the construction style, the specific space and the sustainability."

宝山艺境住宅建筑及景观雕塑实景图

金地对褐石的打造，放弃了对于所谓原版建筑风格
的克隆，更多的是把一些色彩、最典型的符号特征
包括山花的形式等，进行提炼。金地的褐石尤其关
注对街区空间格局、规划逻辑、立面风格的元素把握。

落地：匠心的保证

THE CONSTRUCTION: PROMISE OF CRAFTSMANSHIP

在宝山艺境，每块砖都不一样。由于红色面砖是褐石建筑最为明显的特征，对于砖的选择和拼贴成为重要的一环。经过多次试样、比选，项目最终采用的是表面凹凸不平、颇能体现手工感的文化砖，且面砖颜色也有着变化性，主调为红色，做深、中、浅跳色处理。作为主要载体材质，面砖的拼饰也很重要，它需要砖的拼贴改变，例如窗套、门套等，所有不同的界面属性变化的时候都需要有材料进行拼贴来打造工艺性的特征。

而宝山艺境立面的不同节点的处理，简直又可以看作是关于面砖的"拼贴大全"。檐口部分用砖做出了斗拱的效果；墙面转角特制了90°和135°的L形转角成品砖，通过砖的长度关系和错缝，自然而然形成比较舒服的转角形式；在窗洞上方，则竖向对缝铺贴，窗洞两边通过借砖调节，避免出现小于半砖的碎砖……

另一个塑造褐石建筑气质的是铁艺，波士顿后湾街区就运用大量的铁艺形成装饰效果和不同的功能，包括入户台阶旁的铁艺，法式阳台上的小花坛，甚至一些窗饰的做法。宝山艺境项目通过提炼，汇集并形成3至5种经典的模式，在这个过程中，摒除那些带有强烈地域特征或是特殊含义的装饰符号，更多地选择了自然属性强的如花卉、草木等元素来应用。

如果说宝山艺境是褐石系的开山之作，位于上海泗泾的玺华邨则被认为是在此基础上的整体升级。

玺华邨是金地在泗泾项目的3期的一部分，整个3期包含9个地块，占地317,107平方米；配套了商业、幼儿园和小学。作为这个大盘项目其中的一部分，玺华邨有着通盘的规划和设计。其街道尺度和氛围、步行空间、广场设

计等方面都更接近纯粹意义上的褐石社区，完善的配套更带来便利、宜人的生活氛围。金地通过这个项目实现了褐石从以宝山艺境为代表的单一地块的打造，扩大到以玺华邨为代表的大社区的营造。

除了延续褐石形成的设计原则如红砖、基座石材等，玺华邨在立面和空间氛围上进行了升级。宝山艺境以百米高层和洋房为主，玺华邨则是以洋房、别墅、联排和叠加别墅为主，因此在升级中提出了"褐石庄园"的概念，尤其是在立面设计上进一步体现大宅的感觉，包括减少退台，山花及线条等都更加硬朗。

在售楼处、社区主入口等公共空间，处理方式则为"保留大的符号，细节适当往回收"。在售楼处，除了红砖元素的沿用，其表现手法是现代的，尺度控制得也相对大气一些。立面是2个L形，红砖加玻璃咬合在一起，其中3层通高的玻璃幕墙做了印花，部分立面红砖还做了镂空效果以及通过凹凸形成的拼花。立面一侧还形成一个放置雕塑的平台，甚至产生展览馆或博物馆的气质。和手法现代的售楼处相比，两侧的住宅建筑则是较为经典的褐石的做法。由此，在红砖和褐石的氛围里，现代和古典呈现出有趣的交织和冲突。

从宝山艺境到玺华邨，金地设计团队认为产品在设计上的处理手法以及对于本土的适应性提升的同时，最初在产品研发定位时的一些初衷没有改变：引入褐石街区营造的以步行、交流为主，更健康、更放松的生活状态，始终是每个褐石产品的不二理念。金地对设计研发和设计创新的坚持和努力，亦始终落脚在为城市居住者营造更具品质感和时代感的生活方式。

褐石在国内、在上海的落地，可以从红砖说起。褐石的工艺设计和建造细节充分体现了金地科学筑家的倡导。

Building brownstones in China and in Shanghai starts with red bricks. The details of designing and constructing demonstrate the scientific building attitude of Gemdale thoroughly.

玺华邸示范区室内实景图

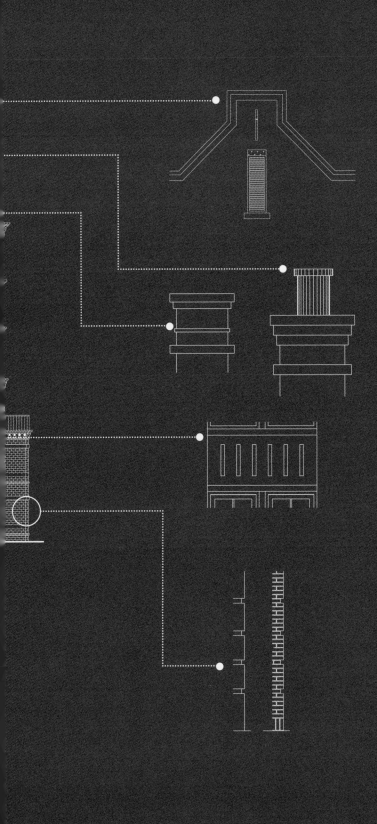

气质和语汇

褐石建筑的立面以褐色的砖石砌就，表现出优雅、沉稳，具有品质感的精神气质。其立面符号如山花、坡顶、老虎窗、细格窗、窗槛墙、阳台挑板等，得到精致、准确的实现；烟囱、柱头，以及多种样式的装饰墙等，通过细腻的装饰符号建立其独特的立面特征。

玺华邸示范区售楼处实景图

"褐石"的迭代和升级

在延续褐石原有的设计元素如红砖、基座石材等基础上，玺华邨在立面和空间氛围上进行升级，尤其是加入较为现代和艺术化的处理手法，在尺度控制上相对大气。

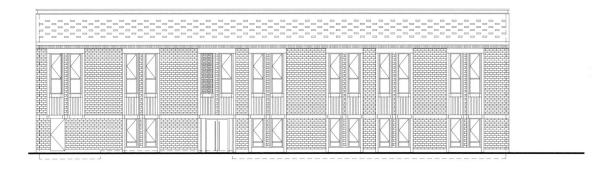

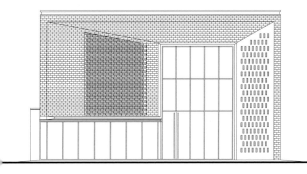

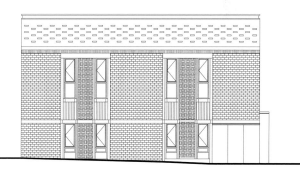

玺华邨售楼处立面图

玺华邨住宅建筑实景图

玺华邨示范区景观实景图

玺华邨示范区室内实景图

古典对话现代

在玺华邨，住宅建筑在褐石风格基础上进一步体现大宅的感觉，总体仍采用经典的褐石做法。而售楼处、社区主入口等公共空间，则通过加入印花的玻璃幕墙，以及立面红砖做镂空效果并通过凹凸形成拼花效果等，体现出现代的艺术气息。

玺华邸示范区红砖立面实景图

Residences express the larger housing style based on the classical brownstone buildings. To illustrate the modern appearance, public spaces such as the sales office and the main entrance of the community are added with printed glass curtain wall and other exquisite techniques.

质感
传承的力量
TEXTURE: THE POWER OF INHERITANCE

▌一块石材，承载家人的情感传递▐

A ROCK, A WITNESS OF FAMILY STORIES

2017 年 7 月，著名管理咨询公司贝恩咨询受招商银行私人银行团队委托，发布了《2017 中国私人财富报告》。报告显示，至 2017 年我国高净值人群规模在 10 年间翻了三番。未来 10 年，国内 80% 以上的家族企业将迎来家族财富传承的高潮，其中，尤其是对于占比接近 50% 的 46 岁以上的高净值人士而言，面临财富的保障与传承的问题。

与此同时，高净值人群在未来的资产配置计划上，除了股权资产和海外资产，对于房产的投资态度在经历早期的热情、中期的观望后，重新回归理性的态度。购置合适的物业形式，不仅能够实现在既有的资产配置之外的家族财富管理，更重要的是实现财富和精神在代际间的传承，这一点非其他资产管理方式所能替代。

而这样的物业，既要具有稳定的美学渊源和风格发挥，又要体现一定的文化审美趣味，"新古典主义建筑"成为金地集团在 2013 年研发并推出的高端产品世家系的选择，并先后在深圳、天津、北京落地了大悦湾、紫乐府、金地中央世家等项目。位于上海嘉定区的金地世家，则是世家系在金地华东区域呈现的首个项目。

早期的世家项目钟情于更偏古典的欧陆建筑风格，体现强烈的家族荣誉感，从而将庄园的现实价值和传世意义作为研发核心。无论是对资源的占有、建筑的考究和生活体验，均以欧陆庄园为蓝本，延续文艺复兴文明和庄园精神，契合国内高净值人群对家族文明和财富传承的追求。

嘉定的金地世家项目则是在国内传统新古典主义建筑的做法上，再做减法，尤其是摒除过多的、烦琐的装饰和线条，更逼近新古典主义的核心。这一风格虽然来自西方建筑传统，但是与中国的传统建筑存在着相似的原则，"包括建筑的方式、材料的组合、表面的美化和适当的装饰、建筑比例的讲究和尺度的亲切感等等。"

项目地块位于嘉定新城核心区域，紧邻轨道交通 11 号线嘉定新城站。地块南侧和北侧都是有着良好景观资源的景观带，在最新的《上海市总体规划（2017—2035）》中，嘉定新城还被定位为 5 大新城之一，金地世家在汲取周边自然环境和独有的交通优势的同时，亦充分考虑了与城市的关系，并有望成为这一区域中伴随城市共同发展的地标性居住社区。无论是项目自身的高定位，还是来自外部环境的优势带动，金地世家都致力成为既延续世家系定位要求，又契合上海城市精神、具有在地性的产品。

金地世家包含 6 栋高层住宅和 27 栋多层叠墅，由西北向东南呈现出从高到低的布局，既区分了社区内外的动静区域，将来自西侧紧邻主干道云谷路的干扰减到最小，又将南侧的河景纳入社区。

项目最大的在地化，在于对世家系原有的庄园建筑或是具有古典气质的法式风格的简化，让建筑更为轻盈和灵动，同时放大阳台、老虎窗等符号，不仅有助于营造优雅的法式情怀，更是对上海这座城市中中西交融的文化背景和老洋房风情的一种体现。建筑外立面采用较为特别的白色系，营造明亮优雅的氛围。

项目设计师，来自上海致逸的总建筑师余泊介绍："细节都是在比较小的尺度上去呈现的，大的面上非常干净。"在对 20 余种石材的挑选后，叠墅多层的底座使用光面石材，外墙使用荔枝面，从而以石材的本真质感营造历久弥新的家，就像知名建筑师斯特恩曾特别强调石材在新古典主义建筑中的意义，"石头的作用不光是作为建筑材料，它更显示了一种庄严的风格"，而且越是在有特点、有历史的城市，石材越是能创造特定的场所氛围。

"让建筑的生命力更长一点，更有品质感一些，可以真正把家的功能传承下去。"设计团队对于"传承"的重新理解，也势必造就一个不同于以往的新古典主义建筑和不同于以往的"世家"。

对新古典的核心汲取在于细节的实现，来自对石材的不同处理方式所形成的不同质感。

Neoclassical concepts are applied through details such as various approaches of treatments to stones.

金地世家叠墅北立面图

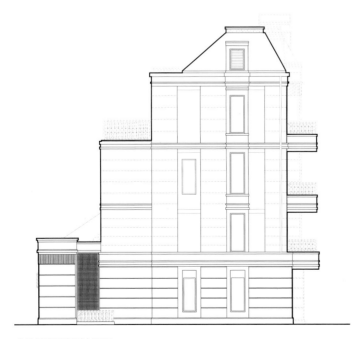

金地世家叠墅侧立面图

经典的在地化

金地世家在延续世家系定位的同时，是契合上海城市
精神、具有在地性的产品。其对于世家系原有的庄园
建筑进行简化，让建筑更为轻盈和灵动，并放大阳台
等符号，不仅有助于营造优雅的法式情怀，更是对上
海这座城市中西交融的文化背景和老洋房的致敬。

金地世家示范区实景图

金地世家示范区实景图

Neoclassical concepts are applied through details such as various approaches of treatments to stones. "Details are showed on small-scale construction, whilst the large-scale surfaces are neat and clean."

细节与尺度，营造庄严与质感

金地世家对于新古典的汲取，在于细节的实现来自对石材的不同处理方式形成的不同质感，"细节都是在比较小的尺度上去呈现，大的面上非常干净"，从而以石材的本真质感营造历久弥新的家。

金地世家示范区实景图

苏州名悦入口效果图

苏州名悦建筑效果图

苏州名悦建筑效果图

┃一条轴线，让家人相聚在仪式感里┃

A LINE, A RITUAL OF FAMILY REUNION

"品质为先，要匠心也要个性；热心文创，要诗也要远方"，这是一群被称为中国新中坚人群在生活观和消费观上表现出的新趋势。2017年8月由《第一财经周刊》发布《2017年中国新中坚人群品质生活报告》，其中所说的"新中坚人群"指的是生活在国内一、二线城市，20至45岁的人群。

这一人群是城市里最活跃、最能够代表未来消费趋势的一批人，也是中国消费升级中最核心的一群人。他们和上一代的中产相比具有同样的消费力，但却有不同的生活观和消费观。他们代表的不仅仅是一群人，更是一种新的生活方式。

在这一定位下，名仕系选择了用时尚手法创新演绎经典，新古典主义无疑是最佳的载体。

如果说源于西方的新古典主义建筑是对古典主义的现代诠释，创造了更为人性化的空间，协调了人和人之间、人和社会之间的关系，西方的新古典主义建筑师亦是试图恢复城市的传统环境和生活。

名仕系对于"城市地标"的定位，颇有些追本溯源的意味，即当我们在打造产品的同时，更应该首先思考产品所承载的生活，以及这个生活与城市之间的关系，生活其中的人与人、人与环境之间的关系。

位于苏州市高新区的苏州名悦项目，其着力点首先正在于它和城市的关系。项目中5栋大高层和1栋高层保障房以"3+3"形式分布在基地东西两侧，6栋小高层集中在社区中心，沿基地南侧何山路的社区主入口则由商业配套与2栋小高层以及退让出的一个入口广场组成。项目设计师，上海柏涛设计总监胡桥介绍，"高层组团的布置是一团一

团的，而非一排一排。这样的话，项目形成的城市界面是高低错落的，这个也叫塌陷空间。城市里面出现一些塌陷空间是比较舒服的设计。"

回到项目自身，苏州名悦汲取了新古典主义建筑风格中的突出表现要素——轴线。在南北方向上，通过三进院落形成中轴景观。第一重庭院是入口前区，通过其两边的商业和围墙而构成，并完成对城市的礼让。从前区进入售楼处，穿过售楼处进入第二重庭院，这里更像是一个风雨连廊，以景观构筑物为主，作为活动空间，下雨的时候可以在这里散步。第三重院庭也是一个小的构物亭子，从这里再进到社区中的各个组团。苏州名悦基于轴线形成的对称性，亦希望能够产生庄重、整齐、有序等审美体验。

从建筑单体的设计来说，强调竖向感，包括头部、身段的处理都强调竖向带来的崇高感，这也是新古典主义建筑的突出特点。"在基座、身段和头部的3段比例上，我们把身段部分做得相对比较简洁大方、比较硬朗，头部通过体量的划分做得相对丰富一些，基座则做得价值感比较强。"

这一点在扬州酩悦项目中也有着明显的体现，项目包含高层和洋房，以高层为主，强调非常强烈的纵向感。建筑采用大量光面花纹的石头，结合高饱和度的灯光、铜饰等，既有着新古典的讲究轴线、纵向带来的崇高感，又回应了项目所处的扬州市新城西区作为综合型新兴城区体现的活力。

以苏州名悦、扬州酩悦为代表的名仕系，在汲取古典主义建筑表现的对于形式美的追求和建筑所要表达的历史感的同时，更多的还是回应都市人对于精致生活的追求，与新中坚人群对品质、对诗和远方的执着，亦有着异曲同工之妙。

新中坚人群对品质和匠心的要求，对诗和远方的追求，也正是金地名仕系产品所着力达成的生活标高：成为"城市地标"、打造"精工名家"、实现"优雅礼遇"。

New middle class have a keen taste for quality and craftsmanship, keen pursuit for poetic and ambitious life. That's why Gemdale EMINENCE aims to become the landmark of such life: to be "the mark" of the city, the "home" and the "elegance".

扬州酩悦建筑实景图

扬州酩悦建筑实景图

扬州酩悦建筑实景图

EMINENCE collection creates vigor and responds to Yangzhou by focusing on the vertical axis of the buildings, adopting numerous stones with smooth printed patterns and special lights control.

具有品质感的"城市地标"

扬州酩悦强调建筑的竖向感，通过采用大量光面花纹的石头，结合高饱和度的灯光、铜饰等，既产生崇高感，又回应了项目所在的扬州市新城西区作为新兴城区体现的活力。

落落风华
东方城市
AURA OF THE ORIENTAL CITY

时尚、现代和归属感

VOGUE, MODERNISM AND SENSE OF BELONGING

2016 年，故宫接待游客 1,600 万人次。宏伟的宫殿，灰墙青瓦、古朴大方的大户宅邸，这些曾经是中国传统建筑和传统生活的最高象征。我们在涌出国门看世界的时候，也同时在往回看。

我们怀念的还不仅仅是这些外在，更能打动我们的还有长幼有序、其乐融融的天伦，互相照拂、和谐共处的邻里，还有亲近自然、天人合一，还有那些深藏在每一个中国院子里的中国式的哲学宇宙。21 世纪的经济生活像洪流，在这洪流里，东方的人们需要一些东西来安身立命，让自己不要忘记，我们是谁，我们从哪里来，要到哪里去。而唯一能锚定我们的，是我们的祖先曾经创造并且拥有的东西。它们叫作传统。

由此，金地集团在 2012 年着手研发一条新的产品系——风华，通过落落"风华"，在城市居住中实现东方式的复兴。仅为风华一个产品系，金地投入长达近一年的时间做研发，"是非常纯粹的研发，没有任何项目，真的是自己虚设地块在那里研究。"参与风华系研发的水石设计总建筑师王煊，对于金地的态度和情怀有着充分的肯定。

对于归属感，与当下持续良久的对于文化回归、重寻文化自信是契合的。更为具体的是，风华希望创造出真正的在居住空间上的亲切感，就像北方的四合院、上海的弄堂为一代又一代人带来的时间和生活的记忆与温度，"虽然现在社会上大家可能对老的行为方式越来越淡漠了，更加强调人本、民主等概念，但是曾经那些包含东方礼序的生活方式，以及它所带来的归属感和亲切感还是在的。"

风华第一个落地的项目是南京金地中心·风华，由水石担纲设计。项目位于南京城市发展新的核心区域河西板块，周边有着完善的配套资源，包括学校、医院、地铁、商业中心、城市公园等。在规划布局上，全区由 5 栋高层塔楼组成，形成院落式围合布局，并借此拉开楼栋间距，同时保持了传统的对称式格局。

在对高层住宅设计时，设计团队对中式元素的汲取一开始就没有局限在传统建筑上，而是着眼于书法、篆刻、门窗花格等更广泛的传统艺术、工艺类型上挖掘。在这些视觉元素中，找到跟高层住宅立面网格构成相通的一些肌理进行重构。例如中式的花格门窗，在网格的比例、密度、构成关系上，都很接近高层住宅的立面网格系统。

通过对高层住宅的门窗洞口、阳台挑檐等功能构件进行整理形成基本面，再在基座、单元入口以及顶部的一些材料做分色的变化，同时控制窗、门、栏板等部品的构造细节，尽量在建筑主体的基面上做到平整，减少阴影，形成简洁干净的门窗与墙面的虚实图底关系，这样形成的立面在视觉意象上就与传统的花格门窗非常神似。

除了在立面上借鉴传统文化，设计团队更希望在使用者最直观感受的空间位置，如建筑 3 层以下的空间，展现中式元素和细节品质。包括单元大堂前的区域，由于经济和实用的考虑，两个电梯厅的面积并不大，为了创造足够舒适、体面的入户体验，设计团队在两个相对的单元门之间设计了一个 3 层高的柱廊，其形成的灰空间在提供邻里交往空间的同时，形成类似传统住宅檐廊的感觉，尺度略有放大，结合对景、照壁、天井等多层次空间，烘托出非常浓郁的中式韵味。逢年过节还可挂灯贴楹联，既风雅时尚，又传统亲切。

在社区的一些公共空间如入口和商业部分，建筑通过抽象与提炼传统建筑、工艺、家具、装饰等品类，以现代人能够欣赏的形式进行解构和重构，实现东方意象与现代手法的融合。设计团队将中国传统"月亮门"的形制加以演绎，采用金属构件冲压，再与传统文化元素"银杏叶"搭配组合，创造了时尚别致又兼具文化韵味的入口形象。

在示范区入口两侧，为了让形式与建筑主体相得益彰，设计团队将平面设计的手法纳入建筑设计中，创造性地设计出具有标志性的装饰边板。不仅体现出东方建筑对于匠人精神的重视，并通过实体打印的制作工艺，实现"一体化、不分缝"的高工艺标准的制作。通过对中式空间和匠作的古法今用，目的就是让更多的人感到熟悉亲切，没有距离地在环境中感受生活。

通过研发，金地和研发团队对于风华提炼了 3 个关键词：时尚、现代和归属感。

After careful research, R&D team and Gemdale chose three words that best describe CHINA CHIC: vogue, modernism and sense of belonging.

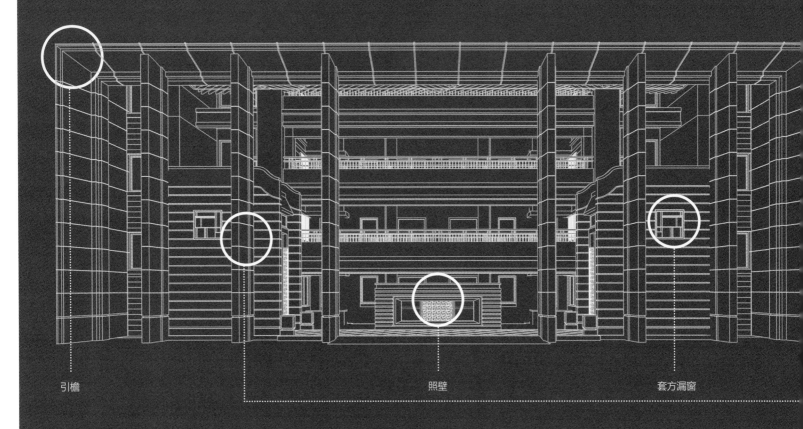

引檐   照壁   套方漏窗

邻里交往，营造归属感和亲切感

金地中心 · 风华在居住者最能直观感受的位置，如建
筑三层以下的空间充分展示了中式元素和细节品质。
在两个相对的单元门之间，是一个三层高的柱廊，其
形成的灰空间在提供邻里交往的同时形成类似传统住
宅檐廊的感觉，结合对景、照壁、天井等空间，以及
对抱框、门钹、额坊、方形抱鼓石等传统民居元素的
利用，烘托出浓郁的中式韵味，营造归属感。

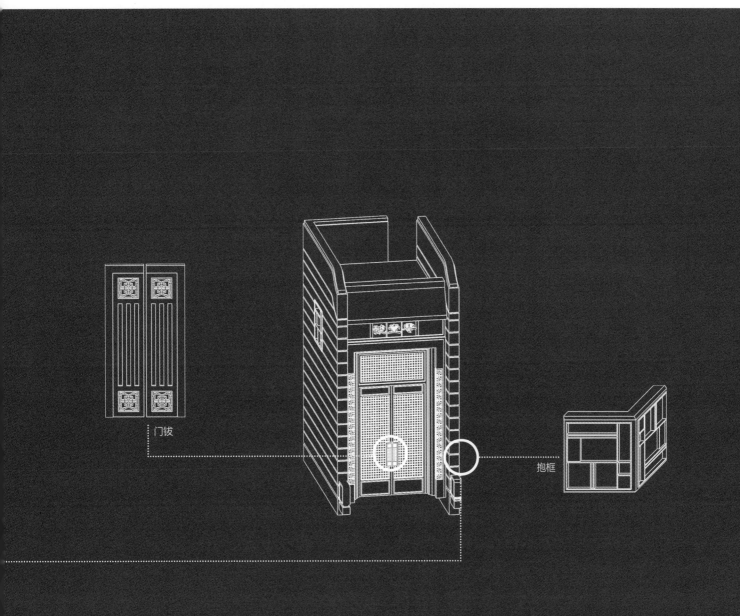

门钹

抱框

In the public spaces, constructions are restructured in a form we modern people can understand.

东方传统的现代表现

在社区的公共空间，建筑通过抽象与提炼传统建筑、
工艺、家具、装饰等品类，以现代人能够欣赏的形式
进行解构和重构，实现东方意象与现代手法的融合。

金地中心·风华示范区实景图

金地中心·风华示范区实景图

金地中心·风华示范区实景图

金地中心·风华示范区实景图

金地中心·风华示范区实景图

To revive oriental living style, Gemdale applied graphic design technique into architecture design, and added an iconic deco panel as well as other tradition elements.

金地中心·风华示范区实景图

实现城市居住的东方复兴

金地中心·风华创造性地将平面设计的手法纳入建筑设计中，设计出具有标志性的装饰立板，再加上对中国传统"月亮门"加以演绎，结合传统文化元素"银杏叶"等，形成时尚又兼具文化韵味的项目气质。

平江风华示范区地下庭院实景

1城1意，创造城市文化系列
EVERY CITY HAS ITS OWN PERSONALITY

在传达东方文化和生活传统之外，金地风华系产品另一个主旨在于传递独有的城市文化，即通过对项目所在不同城市文化和风貌的汲取与表现，形成一种类似于城市名片的意义。这个主旨在平江风华项目中有着最为典型的诠释。

平江风华位于苏州市姑苏区平江新城的核心地段，距离苏州火车站仅500米。项目包括4栋叠加的多层住宅、4栋小高层住宅以及部分沿苏站西路和广济北路的商业。社区的人行入口位于广济北路，并由这一入口延展出一条东西向主轴。主轴延续了平江古城的肌理，通过入口广场、精品水院、下沉庭院形成三进院落，起承转合中将山、水、沙、石、绿植串联在一起。虽然项目的尺度不大，但这样的处理方式正是设计团队的着力之处。

来自日清设计的副总建筑师任治国介绍，苏州这个城市有着深厚的积淀，"苏州老城本身就没有经过战乱或破坏，所以在这里不能轻易地做一些动作。我们只能尽力在它原有的元素中加以提炼和简化，形成一种'新苏式'。"这个道理类似于在这个城市留下过著名建筑（苏州博物馆新馆）的著名建筑师贝聿铭曾说过的一段话，"要是你在一个原有城市中建造，特别是在城市中的古老部分中建造，你必须尊重城市的原有结构，正如织补一块衣料或挂毯一样。"

在平江风华的入口轴线上，入口广场上的一片水景中的山石造景，就颇有些贝聿铭在苏州博物馆新馆做的那面片石假山的意味。穿过入口广场、水院，进入地下堂会，直至

地下堂会围合的下沉庭院，也都或多或少地汲取了苏州古典园林中通过尺度变换、层次配合、小中见大等将亭、台、楼、水、石、花木组合在一起的做法。不仅如此，地下堂会在项目销售期间作为销售和项目展示中心来使用，在项目交付后，将原样保留作为日后社区中的儿童学堂、图书室、公共会客厅等功能使用，设计团队亦意在将空间承载的生活方式营造并保留下来，而不只是在形式上做文章。

通过对苏州传统建筑元素做抽象化的提炼，而不是照搬或重组的做法，在住宅和商业的立面上也有着合适而恰当的体现。在苏州传统建筑中尤其是古典园林中，常把墙作为环境空间中的一种审美景观对待，利用墙而取得环境空间效应。墙体作为建筑装饰的载体，它的营造方式直接体现出建筑的风格。

因此设计团队对于苏州当地建筑风格的体现，一个关键的做法是通过墙来确定空间，"做出一种有空间的立面"。老子在《道德经》里说，"故有之以为利，无之以为用"，能看得到的实体部分是作为借势利用的，看不到的部分才是实际起作用的地方。这可以很好地解释苏州平江风华项目中通过沿街的商业立面，以及住宅山墙所营造的空间感。通过屋顶宽大的挑檐，住宅山墙面的收边、缺角，以及商业部分内衬金属花格的玻璃幕墙、整体铝板镂空形成的装饰花格等，苏州平江风华成为只能在苏州出现的在地建筑。而金地风华系产品通过这个项目，也很好地传达了其既有东方文化的血液，又有独特城市文化基因的特质。

汲取了苏州古典园林中通过尺度变换、层次配合、小中见大等将亭、台、楼、水、石、花木组合在一起的做法。

Inspired by Suzhou classical gardens, the designers used various approaches: change of scales, collision of different dimensions to coordinate each element such as pavilion, terrace, tower, water, stone and flora.

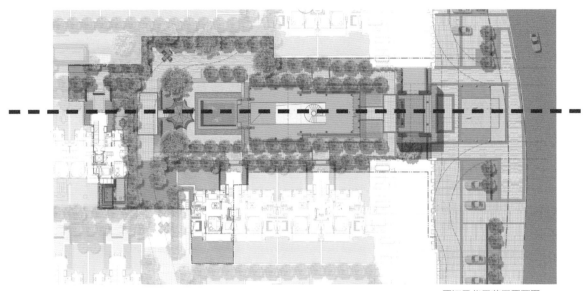

延续古城肌理

平江风华在人行入口延展出一条东西向主轴，通过入
口广场、精品水院、下沉庭院形成三进院落，起承转
合中将山、水、沙、石、绿植串联在一起。

起　　承　　转　　合

院为静　　境为韵　　亭为趣　　园为和

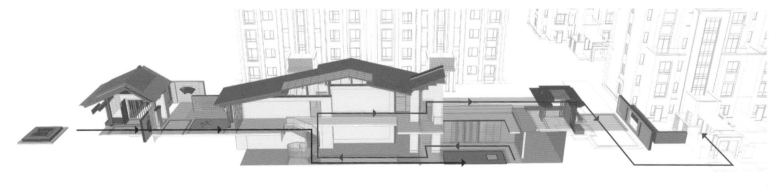

平江风华示范区空间分析图

门为礼　境为序　　巷为境　　院为静

起承　　转　　合

平江风华示范区入口实景图

平江风华示范区室内实景图

平江风华示范区地下庭院实景图

传递独特的城市文化基因

平江风华意在将空间承载的生活方式营造并保留下来，通过对苏州传统建筑元素做抽象化的提炼，而不只是在形式上做文章。

平江风华示范区建筑实景图

洞悉·空间

INSIGHT & INSIDE

过去的十几年里，
城市中产家庭不论是收入、教育还是眼界、品味，都从一城一地到与全球顶尖城市比肩，
他们的崛起，对应了金地的努力：
更开阔的室内空间、更科学的户型、更强大的使用功能……
居住生活这个宏大的命题被赋予了越来越丰富的内涵。

During the last dozen of years, middle class families have become more globalized,
Gemdale made corresponding efforts:
more spacious indoor area, more scientific layout, more functionalities.
More and more activities are accommodated into our living space.

空间
文化和审美的回归
SPACE: THE RETURN OF CULTURE AND AESTHETICS

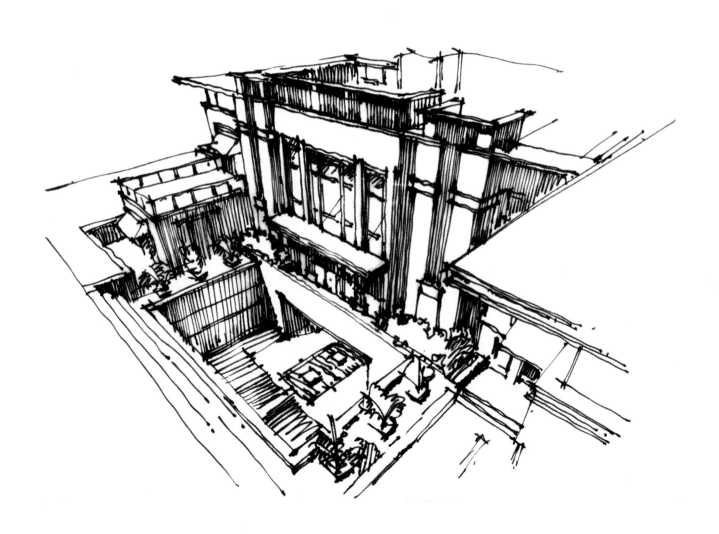

一场革命，表达另一种生活取向

A REVOLUTION OF LIFE REDIRECTION

2009 年 4 月 28 日，位于上海青浦徐泾的 3 号地块，以 5.6 亿元的总价、82% 的溢价率被金地集团上海公司竞得。即使放在"地王年"2016 年来看，82% 的溢价率都是一个不低的数字，而当时这宗交易是在 2008 世界金融风暴之后国内首次出现的地王。在此之前，2008 年全国的土地交易市场中，退地与流拍频发，当年上海计划推出住宅土地约 800 万 ~ 1,000 万平方米，实际供地约 240 万平方米，成交率仅在 60% 左右，成交的地块也以底价成交为主。

2009 年上海土地市场的回暖，甚至被看作中国乃至亚洲经济复苏的开始。当经历 2008 年的沉寂之后，筑底回升的宅地亦被寄予更高的期望，它是否能匹配以新的、更具有本土文化精神的生活方式，高端住宅是否能够得以被重新定义？

回到 2009 年 4 月的那个节点，在此之前 2008 年 8 月 8 日开幕的北京奥运会和即将到来的 2010 年上海世博会，使得文化的溯源、民族的自信，从那时起就成为一种内驱力，影响着我们的生活态度和全民审美的转变。青浦徐泾 3 号地块，则成为一个合适的契机。

青浦徐泾 3 号地块周边是上海传统的西部别墅区，人居氛围成熟，日常生活设施和商业配套齐全，还有着丰富的国际学校资源，这些都势必要求该地块产品走高端定位。然而面对 1.2 的容积率要求，如果选择别墅，则会产生可怕的建筑密度。产品创新势在必行。

在经历近 3 个月，逾 6 轮设计、11 稿方案的基础上，设计团队和金地设计部创新性地在青浦天御项目中提出"平墅"概念。平墅产品 5 层 8 户，每户约 300 平方米，层高 3.6 米，而且户户实现独立的私家电梯入户，1 ~ 3 层还配置 150 ~ 200 平方米的地面私家花园，以及 100 ~ 120 平方米的地下室；4 层跃 5 层，拥有 200 平方米的屋顶露台。

天御项目的这一产品在 2010 年 10 月面市后的 20 天内，因其创新性吸引了 385 组业内同行参观。该项目的设计师，来自上海致逸的总建筑师余泊（时为上海日清建筑设计有限公司合伙人、主任建筑师）总结，"由于采用了这种创新的物业类型，使得每户不仅拥有了别墅的所有优点，同时还具备了众多别墅所无法企及的优势。在总图布置上，大大节省了土地，提高了土地的利用效率。不仅使得建筑间距超过国家标准，大大增加了日照时间，还在满足私家庭院面积要求的同时，创造了众多的公共绿化和交流空间。"

而天御除了 300 平方米的大宅、200 平方米的中宅，还有 2 栋 13 层、90 平方米的小宅。出于对住宅类高端产品的消费习惯的洞察，这些小宅当时均做了全套房、精装修设计。而在国内一线城市的住宅市场中，由于新出让宅地的稀缺性以及高地价，90 平方米户型的高端化也不过是近两年才逐渐凸显。由此不仅可见金地对于高品质生活的追求，同时亦体现了他们在生活观察和产品创新上的执着。

在建筑立面设计上，天御一扫当时市场上流行的各种"法国的欧陆""西班牙的地中海""美国的草原风格"，而是要创造一个属于上海的、现代的建筑风格。立面风格力求呈现简洁大气的体量造型，采用暖色的火烧石材，与褐色的铝合金、铜等金属搭配，取消多余的装饰，赋设计于功能，形成优雅、大气的项目气质。

"在此之前大家都是用米黄色石头或是黄金麻的石头，这个项目则是通过石头颜色的深浅、体量关系差异等来做变化，比如说石头的处理有抛光面、荔枝面、火烧面等"，"在'高端''奢华'的要求下，既要避开'古典'的矫揉造作，又要免除'现代'的清汤寡水，就一定要在'体量''细节'和'颜色材质'上做文章"，项目设计负责人说。

金地试图通过这个项目，摒除当时市场上流行的"西班牙""地中海""新古典""东南亚"等风潮，寻求并表达一种适合当代中国人价值取向的生活方式，因而重新定义高端住宅。

With this project, Gemdale hopes to remove the so-called "Spanish" "Mediterranean" "Neoclassic" and "Southeast Asian" influence that was popular in the market. Gemdale tries to find a lifestyle that reflects the contemporary Chinese lifestyle; thus redefines "high-end residence".

天御平墅北立面图

天御平墅侧立面图

属于上海的当代建筑

天御平墅的立面风格力求呈现简洁大气的体量造型，取消多余的装饰，赋设计于功能，形成优雅、大气的项目气质。

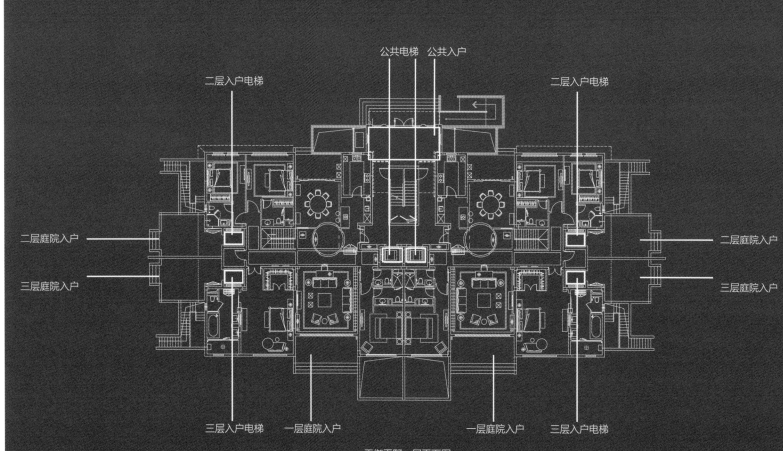

公共电梯　公共入户

二层入户电梯　　　　　　　　　　　　　　　　二层入户电梯

二层庭院入户　　　　　　　　　　　　　　　　　　　　　二层庭院入户

三层庭院入户　　　　　　　　　　　　　　　　　　　　　三层庭院入户

三层入户电梯　一层庭院入户　　　　　一层庭院入户　三层入户电梯

天御平墅一层平面图

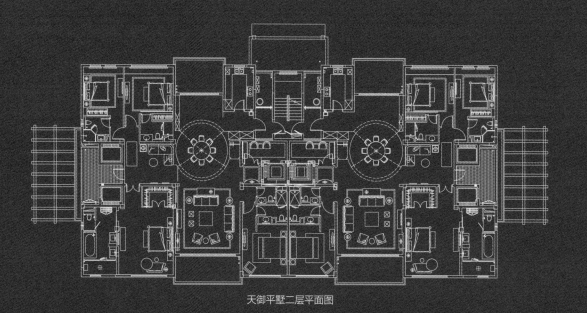

天御平墅二层平面图

"平墅"的创新

平墅产品5层8户，每户约300平方米，层高3.6米；户户实现独立的私家电梯入户，1~3层配置150~200平方米的地面私家花园，以及100~120平方米的地下室；4层跃5层，拥有200平方米的屋顶露台。

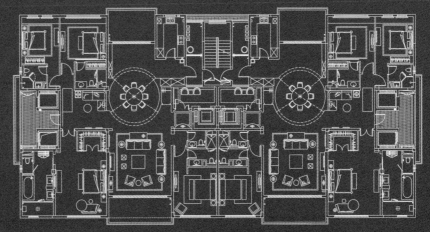

天御平墅三层平面图

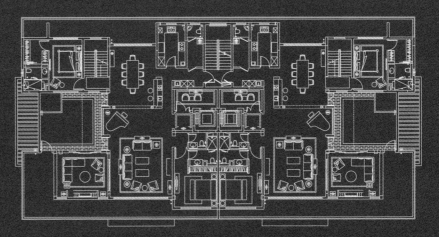

天御平墅四层平面图

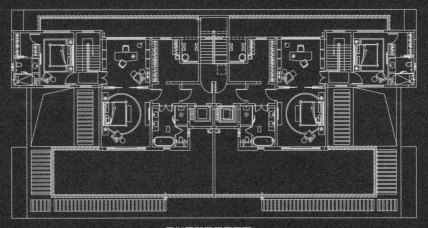

天御平墅五层平面图

Each family not only enjoys the features of villa house, but experiences more than those. It provides bigger public green and communal space meanwhile keeps space for private gardens.

优于别墅的空间体验

平墅由于其创新性，每户不仅拥有别墅的所有优点，同时具备众多别墅所无法企及的优势。在总图布置上，不仅获得超过国家标准的建筑间距，还在满足私家庭院的同时，创造众多公共绿化和交流空间。

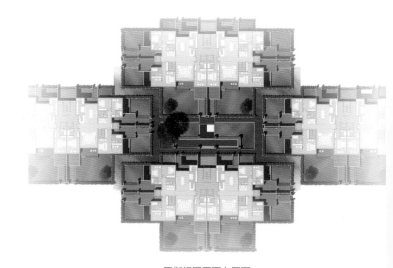

天御组团平面布置图

天御平墅建筑实景图

天御平墅一层庭院实景图

一种回归，实现多重院落生活

A RETURN OF MULTI-COURTYARDS HOUSES

如果说天御通过"平墅"，力图将前二十多年西方各种风潮和符号对国内住宅的束缚加以松绑，让居住回到承载生活方式的空间本身，金地在天境项目中则将这种探索更进一步。

天境位于上海中心城区西郊的赵巷，周边同样是高端别墅区，距离佘山约2.5公里。项目西侧有一条河道崧塘河，景观优美；南侧视野所到之处，便是佘山九峰十二山。除了平墅、联排、叠墅等产品外，天境再次创新提出"合庐"这一产品类型。

合庐基于合院的概念，每8户形成1个组团，在每户又创造了两重院落，院落与院落之间，通过一个廊道相连接，大部分的室内空间与这两重院落并列排布。每户通过1个1层的入户空间进入第一个院落，入户连接的第一个庭院的侧向空间从1层"生长"到两层；连接两重院落的廊道连同其上的2层空间形成每户最高的标高，进入第二个院落后再跌落到2层；每户不同的高低组合，加上户与户之间形成的落差，用设计师余泊的话来说，正是要营造出"民居自然生长、高低错落的那种感觉"。

同时，不同于传统的联排别墅，院落两边一墙之隔便是别人家，合庐的每个空间都能看到院落。"院子不一定要有用，但是我能通过它看风花雪月，而且理想的生活状态中至少有两个院子，一个是对外的，可以迎宾，可以热闹；一个是对内的，要阳春白雪，用来谈天喝茶。最重要的是，自家的院子一定是可达的，关上门，有室内外这一说，打开

门，房间和院子就连起来了，室内外的界限也因此打消"，余泊说。

回溯到项目的规划形态上，设计团队将中国传统园林庭院的礼序文化，以及传统人居的生活方式植入其中，与现代建筑融合在一起。"街""巷""弄"的这种更亲和的尺度渗透到了整个规划中，在社区中漫步的过程中，更能够感受到一种"欲显还隐，岁月无声"的意境。

而无论是合庐，还是联排、叠墅以及平墅等产品形态，都有着同一种气质，就像设计团队在阐释设计理念时借用的吴冠中的一幅关于江南水乡的画作那样，建筑形态是高低错落、自然生长的，从而营造一份淡泊宁静的氛围。

建筑主体选用大面的进口石材，表面也做了多种肌理的处理效果，配合暖灰色的进口仿石砖，既不失品质感和尊贵感，也带入了一丝怀旧情怀，多了一份亲和力。在细部处理上，用金属铝型材在檐口和近人尺度上进行勾勒和点缀，不失大方和典雅，试图做到"以小见大，精致无痕"。

而从天御到天境，金地和设计团队所做的种种创新，从来不在于形式或材料，他们关心的是你回家打开院门的时候，比例、材质和颜色带给你怎样的体验和感受；关心的是你漫步在小区内，建筑的材质和比例会带给你怎样的体验和感受；关心的是生活其中，建筑的空间和光影带给你怎样的体验和感受……这些才是所有创新的终极目标。

建筑"形简而意深"，尽量避免一些形而上的繁复装饰，而是通过建筑本身的空间、体量、材质和比例去塑造"建筑和人"之间的关系。

We advocate simple and simplicity. We hope to avoid complexity of pure formality. We form the interaction between the architecture and human by revamping the space, volume, materials and scales of itself.

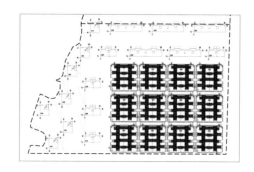

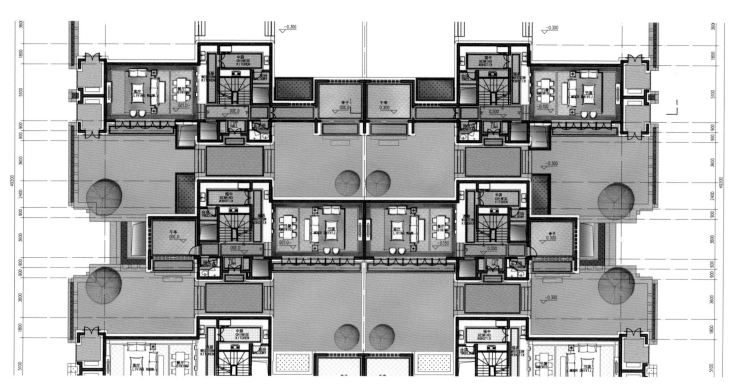

合庐组团一层平面图

合庐高低错落的建筑形态实景图

让传统民居重新生长

像吴冠中关于江南水乡的画作所描绘的意境，合庐的建筑形态是高低错落、自然生长的，从而营造一份淡泊宁静的氛围。

HELU is planned and built in a form of both high and low structures, it is so natural that it gives a tranquil and indifferent impression.

合庐高低错落的建筑形态实景图

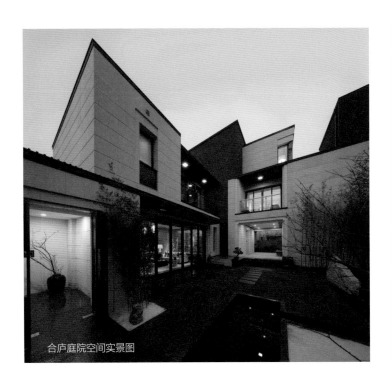

合庐庭院空间实景图

合庐庭院空间实景图

合庐庭院空间实景图

合庐庭院空间实景图

合庐入口外观实景图

A courtyard can be seen from each and every space. Once the door is closed, the inside and outside are separated clearly. Once the door is open, your room is connected to courtyard.

有天有地的院落生活

合庐的每个空间都能看到院落，关上门，室内室外各有天地；打开门，房间和院子就连起来了，室内外的界限也因此打消。

户型上的每一个数字
都是一段生活的记录
A FLOOR PLAN IS A LIFE PLAN

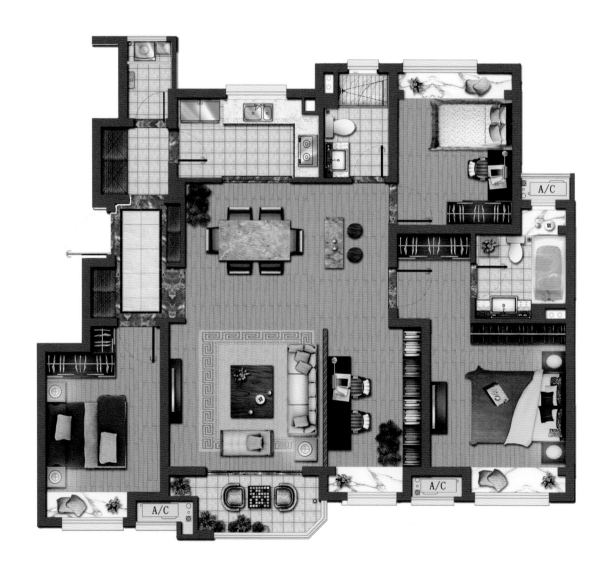

双流线：创造场景

DUAL FLOW LINES: TO CREATE SCENARIOS

关于理想的家，每个时代都有不同的定义。

三十年前，"楼上楼下，电灯电话"是大多数中国人对于理想的家的全部想象。在这之后，人们又认为地段是压倒一切的要素。再往后，越来越多的要素被填充进"理想的家"的内涵里：完善的生活配套，优美的社区环境，合理的户型……

这种不断的演进终于进入到场景式设计的层级。

场景式设计希望通过巧妙的规划和设计，为居住者创造出完美的家的感觉。居住者的体验是衡量设计成功与否的最终指标。

这就是金地在天地云墅项目的户型设计中运用，在金地世家和金地积木里继续传承的策略。

双流线曾经是 200 ~ 300 平方米以上豪宅的标签，生活流线和服务流线分离，再加上 5 米、8 米甚至 10 米的客厅面宽，重构了中高端人士的生活需求——尺度与舒适度，而非过高的空间利用率。

随着上海房价的快速攀升，这种大面积户型的总价已远远超出大多数购房者的承受能力，但人们对居住生活品质的要求却不会因此而降低。市场呼唤面向城市中产改善型需求的房型，而金地又一次预见了趋势。

在天地云墅项目中，金地通过巧妙的设计，125 平方米的

房型实现了双流线、双玄关和空间可变。房间内各个功能空间的排布引导出两条生活流线，生活流线强调居住行为空间，一入户即进入活动最多的左侧客厅和右侧餐厅，然后是左侧书房和右侧公用卫生间，最后是门并排的主次卧室。而服务流线与生活流线垂直，包括了小卧室、靠墙玄关，正面玄关，储物间和工作阳台，储物间开有门通往厨房，工作流线达到最短，与生活流线基本无干扰。

功能的排布亦兼顾了空间的舒适性，主卧室、书房、客厅及小卧室朝南，具有 13 米的南向面宽。北向的屋子是次卧、公共卫生间、厨房、工作阳台，餐厅在厨房和客厅之间，南北通厅。

双玄关体系兼具装饰及储藏功能，收纳空间根据生活需求做了精心测算，比如柜子深度考虑到了最大尺寸旅行箱竖摆的尺度，儿童杂物、推车、大型的吸尘器或是相对使用频率不会特别高的东西可以被收纳进去。

而针对可变空间设计，项目设计师，上海柏涛总建筑师任湘毅回忆道："小户型里面每个平方都很珍贵，可变空间设计我们强调有效可变性，而不是只做一些表面文章。比如书房，可敞可闭。如果三代居的话，直接封一个房间也行，根据不同的人群不同的生活状态都可以满足要求。"

这样的无走道和可变空间设计实际上已经涉及了地产的全寿命考量，也就是购房者可能存在不同的年龄结构、不同的生活场景。

天地云墅堪称一个有场景的户型，购房者只看平面图就可以想象出在这里生活的场景。

Tiandiyunshu indeed is a house of stage style — by simply reading the floor plan one can imagine the life scenario in this space.

全生命周期舒适可变的家
豪华二房（主卧套＋南向卧室）
舒适四房
（舒适主卧套＋二间南向卧室＋北向卧室）

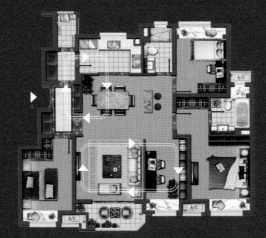

双线洄游
玄关餐厅厨房功能环线
＋客厅书房娱乐环线

餐厅＋客厅＋书房组合空间

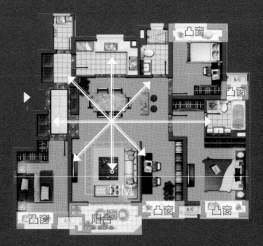

全凸窗设计＋宽景阳台
视线多方位拉长处理
极致南向 13 米面宽

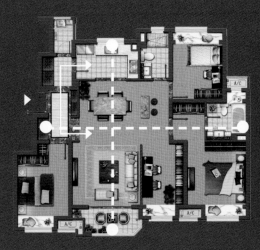

双流线＋十字轴
家庭公共空间礼仪设计

对景玄关
功能玄关

多种收纳模式
酒店式双玄关体系

天地云墅 125 户型平面

To take into account the comfort of the space, the master bedroom, the study and the living room are all designed to face south, with a 13-meter southward width.

有场景的户型

天地云墅 125 平方米户型兼顾了空间的舒适性,主卧室、书房、客厅及小卧室朝南,具有 13 米的南向面宽;南北通厅,厨房、餐厅、客厅实现迴游,还通过可敞可闭的书房,满足不同家庭结构对空间的需求。

天地云墅 125 户型厨房实景图

天地云墅 125 户型南北通厅实景图

天地云墅 125 户型厨房餐厅区域实景图

叠加和极小：创造空间和生活

MULTIPLY AND MICROCOSM: TO CREATE SPACE AND LIFE

金地世家被地产市场记住是因为它超前的可持续理念，它是上海第一个按照"海绵城市"理念设计的住宅项目。

但是住进金地世家的人们所感受到的更多是空间的创造。

金地世家的叠加户型每一户虽然绝对面积都不算大，但都实现了大面宽、小进深。相较于市场上其他 6 米面宽的户型，金地世家做到了 8.1 米面宽，其中客厅面宽达 4.8 米，并拥有庭院的可能。上叠户型的客厅、主卧拥有 5 米奢华大开间，阳光美景在家中自由流动。厨房、餐厅以及客厅由北至南依次排布，形成较为宽敞的竖厅空间，达成南北通透的效果。

上叠户型还设置了 10 平方米的北侧露台，可用为家政空间，顶部空间亦可用为儿童活动室或创作工作室等，满足不同家庭的多重需求。

对叠加户型来说，空间的创造最重要的亮点还不仅仅在室内空间的设计和可变上。金地世家的叠加户型还创造出一个围合的私密空间，如果正好是亲朋好友或是家人买了这四套房子，就相当于家人自己的一个小天地。即使不考虑这种特殊情况，叠加户型创造的围合空间所提供的社交场景也是当代城市生活中稀缺的资源。

如果说金地世家面向的是改善型用户，那么 2016 年，车墩金地积木项目在户型上对极小面积公寓做了突破，针对的是第一次起步购房或是置换的年轻人。

在产品面积越做越小，客户需求越来越高的市场趋势下，产品设计的要点在于在有限的面积里进行最合理的空间利用。在极小公寓上，金地积木推出了 78 平方米的三房两厅和 68 平方米的两房一厅户型。68 平方米户型较为方正，主卧及客厅朝南，客厅外连接阳台，采光通透。78 平方米户型则实现了全生命周期、洄游空间和视觉化大空间 3 项优势，除了舒适的南、北两间卧室，另有一间书房可根据需要改为老人房等空间，满足不同的家庭需求。而开敞的餐厅区域、客厅与生活阳台相连接，既衔接了其他的功能空间，又实现明朗通透的居住感受。

金地集团华东区域设计管理部部门经理彭华园在谈及车墩项目的设计时特别强调："户型的面积段也是根据这个思路反推出来的一个合理面段。小两卧必须要满足即使是小卧室也能放得下 2 米的大床，这是金地对产品的底线。虽然餐客厅的面积被压得很小，但是进深一定要满足放一个餐吧台，可以体现餐厅的功能。厨房可以很小，但也需要舒适。我们量身订作了可开可合的玻璃移门，开启的时候是一个餐吧，合起来就是厨房。"

无论是当初逾 300 平方米的城市别墅或平墅，还是 100 多平方米的轻奢公寓或叠墅，还是 105 平的极小墅、60 ~ 70 平方米的极小公寓，面积段的每一次变化和金地投入其中的研发力量，都希望以近人的尺度和细腻的脉络提高生活的品质，正如彭华园所言，"与其说是户型在迭代，不如说是金地对居住空间的考虑越来越人性化，其产品覆盖的客群越来越广泛。我们在户型上的触角延展得越开，对于针对每一类客群的户型研究越精，越能触摸到城市人群在每个阶段对于生活最真实的要求和体会。"

在面积一定的情况下，金地世家叠加户型在尺寸、比例的控制上非常严谨，通过保证如客厅、主卧等空间的舒适尺度，提升居住感受。

Given the limit of land size, Gemdale ARISTO has a tight control on size and scale for its double floor units. By ensuring the coziness of sitting room and master bedroom, it improves life quality.

全生命周期体系：
三口之家舒适南房 + 北卧 + 书房
三世同堂舒适南房 + 北卧 + 老人房

洄游空间：
餐厅加连接起居室，形成洄游空间，灵活适应
不同的生活场景

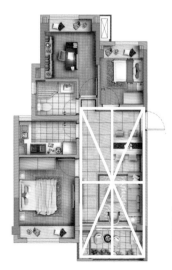

视觉化大空间设置：
开敞餐厅连接通透阳台，视线拉长处理，提升
空间感受

金地积木 78 平方米户型

功能空间在面积有限的情况下加以最合理
的利用，并保证每个空间的舒适度

金地世家叠加（下叠）户型首层平面图

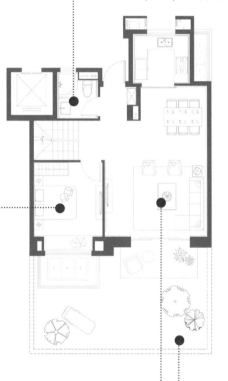

金地世家叠加户型在面积一定的情况下，
通过在尺寸、比例上的严谨控制，保证主
卧等空间的舒适尺度，提升居住感受

大面宽、小进深；实现 8.1 米面宽，其中
客厅面宽达 4.8 米；厨房、餐厅以及客厅
由北至南依次排布，形成较为宽敞的竖厅
空间，达成南北通透的效果

拥有阳光庭院、实现有天有地的院落生活
的可能

功能空间通过精工品质，创造艺术化空间氛围，契合现代城市人群对于品质生活的追求

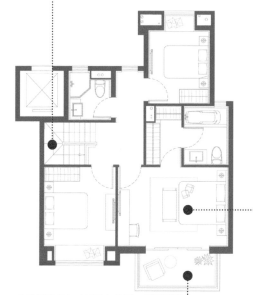

金地世家叠加（下叠）户型二层平面图

客厅、主卧拥有 5 米奢华大开间，阳光美景在家中自由流动

10 平方米的北侧露台，可根据需要实现阳光露台或改造成家政空间

匠心 · 细节

INGENUITY & ELEMENTS

有时候，人们似乎只能从流逝的时间中去发现和寻找事物的价值。

所有完美的事物，背后的细枝末节往往会令人惊叹。

因为那意味着付成倍的时间和无穷的精力。

科学、严谨，注重逻辑，一直是金地留给人们的印象。

而只有走进他们造的房子里，你或许才能真正懂得魅力所在。

People seem to discover and realize value only when time passes.

Breath-taking details always hide behind the perfect appearance because they mean extra time and endless endeavor.

Gemdale has impressed the world with its science, preciseness and logic.

One understands the beauty of its works only when standing inside the house.

精装
隐匿的匠心与显露的个性
HIDDEN INGENUITY AND REVEALING PERSONALITY

从个性到功能：螺旋上升的精装之路

FROM PERSONALITY TO FUNCTION

金地华东的精装修之路始于 2004 ~ 2005 年，当时市场上的住宅产品以毛坯为主，还没有出现精装产品。在地产的黄金时代，不同项目有着不同的特性，根据这些特性和客户诉求，金地将个性化的设计有机融入精装模式中去。金地佘山天境和天御是其中的佼佼者。作为金地集团旗下最高端的产品线之一，天境、天御以其现代优雅的建筑风格，瞄准了一众社会金字塔塔尖的人物，他们大多有着简约低调、乐于创新、自在逍遥等个人特征标签。针对这一人群的特点，天境、天御的精装产品追求风格的纯粹，无论是优雅法式还是新古典主义风格，都力图体现不会过时的经典和不必隔阂的尊贵。

2011 年后，地产的白银时代到来，住宅产品的市场变化也随之而来，精装在设计上不再只偏向风格，更多地会考虑产品的适居性和宜居性，着重功能性设计。顺应市场趋势与客户需求，金地华东在精装修设计上去繁从简，将风格逐渐演变为适普性，聚焦到居住功能。2016 年，金地集团研发部在深入研究多样化的家庭生活行为模式基础上，从贴心、安心、开心、省心、放心的角度研发出一套独特的精修体系，"五心精装家"：17 大系统、115 个价值点，从健康环保、人体工学、物品收纳、灯光氛围，关怀到生活的每一个细节。

落实到金地华东区域，位于嘉定的金地世家项目被认为是金地"功能性精装产品的代表作"，它兼具了功能和颜值，做到了对以往优秀产品细节的传承和迎合客户需求不断改变的创新功能，该项目在 2017 年获得了上海市优秀住宅金奖。

金地华东在精装修设计上，对每一个可收纳空间进行了全维度的研究。玄关作为人们归家后的第一个空间，玄关的收纳凝聚了金地设计团队的诸多心思：置物台面用于放置常用物品、签收快递包裹；设置钥匙挂钩；考虑到需要存放不同的鞋子，在玄关柜内安装了可以自由调节的活动层板；在收纳柜底部预留换鞋空间，并且设计了与常用鞋长度一致的挡板，鞋子再也不会"隐藏"起来；一键开关只需轻轻一按便可关闭或开启房间内部灯光 …… 同时还设计有穿衣镜、换鞋凳、雨伞架等常用功能，玄关如同一个魔法空间。 重新整合和设计后的收纳系统，强大到令客户觉得每一平方米的空间都被合理地利用起来。

L 形或 U 形厨房设计充分考虑到日常的餐厨流线及烹饪习惯，嵌入式厨电节省空间，巧妙的储物拉篮、功能抽屉以及挂件置物架合理利用了空间，甚至预留了 iPad 支架的空间方便人们一边看视频，一边学习制作美食。

在卫生间，大到各种清洗用具的收纳，小到漱口杯、化妆棉等物品的收纳，甚至连临时洗手时戒指及手链的置物收纳，均做了贴心设计，还特别预留了可以用来放手机等小物件的边柜，完整的卫浴柜收纳系统令这个小空间保持整洁的同时也保证了人们高效便捷的生活需求。卫浴柜底部还预留了可以放凳子的空间，方便儿童借助凳子使用台盆。

生活用品的收纳和分类往往也是客户最头疼的，金地集团研发部通过户型设计充分利用过道空间打造了万能储物柜，对柜内隔板布置做精细化研究，将婴儿推车、吸尘器、旅行箱、篮球等用品井然有序地收纳起来。

"五心精装家"里这些点点滴滴的价值点，都是来自人们的生活体验。比如插座这件小事，在金地看来，却事关一个家庭入住多年的居住品质。为此，金地集团研发部设计了人性化的便捷插座系统：无论玄关、厨房、客厅，抑或床头等地，均预留了插座，以备不时之需；在卫生间，洗脸台的侧边设置了防水插座；在厨房里，为了避免手湿时不小心触碰插座 造成意外，设计了带开关的插座，也解决了常用家电一天之内需要数次插拔的问题，贴心而且安全；客厅的备用插座方便人们随时使用电火锅或者电磁炉来招待好友；在阳台设置了节庆防水插座，节日里满足了阳台电灯笼及彩灯的照明需求，营造了温馨的节日气氛；较为少见的移动式轨道插座可以在轨道范围内按照需求任意增减和移动插座位置，灵活而安全。

从黄金时代到白银时代，经过这么多年，金地所做的项目品质也一直在螺旋上升，每做一个项目时，金地都想要把最用心最适合的设计呈现出来。

17 大系统、115 个价值点，从健康环保、人体工学、物品收纳、灯光氛围，关怀到生活的每一个细节。

The Premium Decoration Procedure covers every detail of life through 17 systems and 115 value points, ranging from wellness and ergonomics to sustainability, storage, and lighting control.

五心精装家

贴心 安心 开心 省心 放心
心 心 心 心 心

01 贴心　贴心玄关设计

- 001 玄关置物台面
- 002 钥匙挂钩
- 003 玄关柜内活动层板
- 004 玄关收纳抽屉
- 005 换鞋凳
- 006 穿衣镜
- 007 玄关底部换鞋空间
- 008 大容量鞋柜
- 009 鞋柜通风设计
- 010 雨伞架
- 011 玄关衣帽柜
- 012 玄关台面照明
- 013 一键开关
- 014 旋转鞋架
- 015 玄关柜行程开关
- 016 男女包储物区

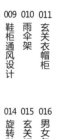

03 贴心　灵活收纳设计

- 026 玄关柜收纳系统
- 027 橱柜收纳系统
- 028 卫浴柜收纳系统
- 029 衣柜收纳系统
- 030 阳台家政柜收纳系统
- 031 万能储物柜收纳系统

05 安心　合理降噪设计

- 037 马桶缓降盖板
- 038 静音门锁
- 039 防撞胶条
- 040 阻尼抽屉滑轨
- 041 阻尼门铰

07 开心　欢聚客厅

- 045 电视背景墙
- 046 客厅灯双控
- 047 客厅集成控制面板
- 048 挂画导轨

02 贴心　便捷插座系统

- 017 玄关预留插座
- 018 餐厅备用插座
- 019 带开关的厨房插座
- 020 床头便捷插座
- 021 卫生间防水插座
- 022 预留卫洗丽插座
- 023 USB充电插座
- 024 预留电动窗帘插座
- 025 可移动滑轨插座

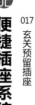

04 安心　巧妙防潮设计

- 032 水槽柜锡箔防潮处理
- 033 门套防潮设计
- 034 橱柜挡水边
- 035 阳台家政柜防潮木塑处理
- 036 橱柜台面滴水槽

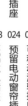

06 安心　智能安保设计

- 042 熄火断气装置
- 043 紧急报警按钮
- 044 燃气报警器

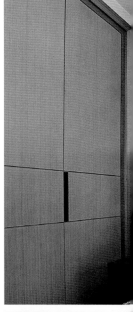

舒适卫浴

化妆照明
防缠绕可调节花洒
马桶边柜
镜柜收纳

贴心玄关设计

玄关置物台面
玄关底部预留换鞋空间
旋转鞋架
换鞋凳
鞋柜通风设计
钥匙挂钩
雨伞架
穿衣镜
玄关柜内活动层板
玄关衣帽柜

防噪设计

防撞胶条
阻尼门铰
马桶缓降盖板

知心卧室

电视机预留接口
主卧双控开关
主卧夜灯
衣柜收纳系统

快乐厨房

大功率抽油烟机
洗菜台盆下安装
防尘角设计
橱柜照明灯
橱柜活动层板

从功能到个性化生活方式

FROM FUNCTION TO PERSONALIZED LIFESTYLE

从买"便宜的"到买"优质的"、从买"大众的"到买"小众的"、从买"商品"到买"服务"……随着时代的发展，当大多数人的物质需求得到了满足，精神层面更高层次的需求也随之浮出水面。在整个工业化4.0的大背景之下，随着消费的不断升级，使得产品不仅要满足客户的刚性需求，更要满足客户精神层面的需求。家，是一个特殊的空间，承载着家庭的梦想与幸福。在"高级定制"化的服务时代，以功能为主的精装房已不能满足每一户家庭。

金地敏锐感知到不同年龄层消费者所呈现出的愈发多元、细分的消费诉求，并判断：90后将成为首置主流客户，精装化、智能化成为必选，定制化成为趋势；与此同时，60后由中年步入老年，适老化住宅需求增加；改善型产品则需要考虑产品性能提升及不同家庭生命周期的可改造性；另外，互联网＋带来的产品增值服务将成为另一重点。

于是，金地开始着手在精装房的基础上进行升级，为消费者提供多重选择，进行个性化定制，打造属于每个家庭的专属空间。落实到具体实践上，金地推出定制化精装体系，即在现有精装修交付标准的基础上，将原有整体化精装标准分解为各个独立系统的模块标准，并根据美学、功能等进行产品设计，形成模块化套餐组合的逻辑，客户可根据个性化需求在颜色、风格、部品配置等方面

进行二次加购的精装修模式。

按照项目定位的不同，金地定制化精装体系涵盖针对首置型用户的2星级、针对改善型用户的3星级、针对高端改善型用户的4星级，以及针对顶豪的5星级。不同的星级在不同维度有着多种模块配置组合，供客户选择。

其中，2星定制化精装模块对于配置的设置更倾向于实用性功能加载，包括基础材料、部品升级，全屋收纳定制，厨电、五金、净水、新风等功能加载套餐，以及以智能化为核心的性能加载包。

3星定制化精装模块对于配置的设置以功能、性能升级兼顾部分个性化风格需求为主。比2星增加了三种风格配置供选择，并为功能需求最高的厨房、卫浴空间提供了独立的加载套餐，同时对基础材料、部品升级，全屋收纳定制以及性能配置均做了更系统的提升。

4星定制化精装模块对于配置的设置更聚焦于用户的个性化定制方面，如风格、户型、软装等。风格配置更个性化，定制套餐也由3星的5类套餐升级为了6类套餐，新增的软装套餐，根据提前锁定的个性风格提供匹配的家具、灯具选装包，以及后期对于窗帘、布艺的增值服务，让客户实现真正的拎包入住。

于是，金地开始着手在精装房的基础上进行升级，为消费者提供多重选择，进行个性化定制，打造属于每个家庭的专属空间。

Based on insight into consumption upgrades, Gemdale began to upgrade on the basis of decoration, providing consumers with multiple choices, personaliz-ation, and creating exclusive space for each family.

定制精装样板房实景示意图

金地定制化精装产品逻辑

2 星定制化精装模块设置建议：
主要针对首置型用户，对于配置的设置更倾向实用性功能加载

基础配置

爵士灰 & ins 风

基础施工
标准部品
标准材料
标准工艺

收纳套餐

客餐厅收纳
玄关柜
电视柜
餐边柜
卧室收纳
主卧衣柜
次卧衣柜
浴室收纳
镜柜

功能套餐

厨电
洗碗机
高端电器
性能
净水设备
新风设备
五金
卫浴五金
厨房五金

3 星定制化精装模块设置建议：
主要针对改善型客户，进行功能、性能升级并兼顾部分个性化风格需求

基础配置

爵士灰 & ins 风

基础施工
标准部品
标准材料
标准工艺

风格基础配置

现代风格 & 典雅风格
深 / 浅色系
白色古典风格

3 大风格

收纳套餐

客餐厅收纳
玄关柜
电视柜
餐边柜
卧室书房收纳
衣帽间、衣柜
书柜
阳台收纳
阳台柜

5 类套餐定制

4 星定制化精装模块设置建议：
主要针对高端改善型客户，更聚焦于客户的个性化定制方面如风格、软装等

基础配置

爵士灰 & ins 风

基础施工
标准部品
标准材料
标准工艺

风格基础配置

现代风格
中式风格
白色古典风格

3 大风格

收纳套餐

客餐厅收纳
玄关柜
电视柜
餐边柜
卧室书房收纳
衣帽间、衣柜
书柜
阳台收纳
阳台柜

6 类套餐定制

套餐

化

升级

套餐

升级
升级
补充
升级
升级
布局

卫浴套餐

洁具升级
品牌升级
功能补充
收纳升级
五金升级
镜柜

颜值套餐

**全屋壁纸
背景墙**
客厅背景墙
主卧背景墙

性能套餐

智能化
性能升级

套餐

升级
升级
补充
升级
升级
布局

卫浴套餐

洁具升级
品牌升级
功能补充
收纳升级
五金升级
镜柜

颜值套餐

**全屋壁纸
背景墙**
客厅背景墙
主卧背景墙

性能套餐

智能化
性能升级

软装套餐

软装配饰

智能时代
带来生活无限的改变
THE AGE OF INTELLIGENCE: BRINGING UNLIMITED CHANGES IN LIFE

Health States

128
80

217
124

基于 SHD 墙机系统的魔镜

金地独家研发的魔镜是基于 SHD 墙机系统而延伸出来的产品，

魔镜 = SHD 墙机 + 大屏显示器 + 触控交互，具有强大的功能：

支持在镜面上用手对魔镜进行操作；

自带扬声器及麦克风，支持语音操控功能；

摄像头可识别用户身份及监控；

连接健康监控仪器及物业平台、各类资讯查询等强大功能。

升级：从舒适、健康，到精神世界

UPGRADE: FROM COMFORTABLE, HEALTHY TO SPIRITUAL

2017 年，金地集团秉承科学筑家的品牌理念，以智能化家居革命者为使命，敏锐地捕捉到智能最前沿创新产品，并与智慧人居理念相结合，创造性提出 Life 智享家——对安防、家电控制、声光和空气环境等多个居住子系统进行有效整合，实现人与家庭、人与社区的互联；智能家居战略布局上，金地集团强强联手，联合华为 HiLink 互联平台，利用华为全面布局云、端、芯的领先优势，以 HiLink 智能路由、SDK、生态伙伴产品硬件为基础，由 HiLink 联盟认证，通过智能家居 APP 实现智能操控，用"连接"为消费者构建全场景的智慧生活，致力于营造一个更安全、快捷、灵智、时尚的数字化生活方式。

同时，金地集团还研发了提供涵盖家庭、社区、物业的系统化、一站式、一个 APP 的解决方案，并打通主流平台，便于客户后期可根据需求添加知名品牌的智能电器，如电视、空调、冰箱等与平台对接，提供多品类、多品牌的可选方案。除此之外，金地集团还通过整合行业资源，联合战略合作伙伴，共同开发并打造行业首创的金地智能家居定制化的选配系统，在 Life 智享家选配 APP 上，通过选配包的形式，给业主在购房后提供个性化的智能家居选择。

在 Life 智享家，人们在归家途中，预先开启回家模式，新风、地暖、空调即刻启动；回家开门的那一刻，玄关、客厅便发出喜悦的光芒；家里的空调也已经在 10 分钟前开始运行保持在喜欢的 26.5℃；只需要说一句"来首快乐的歌吧"，一首欢乐的乐曲就会响起；米饭的香味已经散发、热水已经沸腾；当进入卫生间前，卫生间灯光开启，排气扇开始工作；整合了镜面、摄像、语音及其他功能的魔镜实时检测身体健康数据，及时推送身体健康各项信息。无论是看大片、阅读、浪漫晚餐，总有最适合的灯光营造最完美的环境；夜晚，卧室灯光亮起，窗帘关闭，家中其他区域不使用的灯光和用电设备同时断电，室内外安防系统开始运作……即使有着工作的疲倦，金地 Life 智能家，也让每一天都在快乐和愉悦中结束。

无论天涯海角，互联都是一键的距离：通过智能摄像头用手机、iPad，人们可以随时与家人互动、查看家里的一切，即使出差在外也不会错过孩子成长的每一个瞬间；当离开家准备上班时，家里不用的家电都同时断电，安防系统开始布防，移动探测设备和报警装置开始工作；家里没人时，可以随时监控家里的安全，还可以一键知会物业安保人员快速上门查看避免发生财务损失；担心家中的狗狗无聊时，也可以通过视频遥控家里的无人机陪它玩耍，通过语音和它聊天。

当空气质量日益成为大家关注的焦点，在 Life 智享家，即使是在凌晨三点，梦乡中雾霾来袭，空气盒子也可以自动检测到 PM2.5 超标，自动启动空气净化器保持持续的健康空气。

而在公共社区中，Life 智享家亦是无处不在，小区车辆出入口设置车牌识别、微信缴费；地库的灯光智能引导系统，电动汽车电动桩；小区入口道闸、单元楼栋均采用人脸识别、二维码开门系统；在电梯里，除了电梯刷卡控制系统，还贴心设置了宠物电梯按钮；无论在广场、露天舞台，还是活动区域，社区 Wi-Fi 全面覆盖。Life 智享家，让整个社区成为一家。周末孩子在小区玩耍，一个定位便可以通过社区摄像头查看到孩子的位置和视频，如果跑出小区安全范围，便会在家长手机上报警通知；老人不小心在小区里摔倒，通过随身携带的门禁卡上一键紧急报警功能便可以快速定位获得物业人员的及时帮护。

2018 年，在智能家居传统的智能面板、手机等交互方式基础上，金地集团创新性地为业主提供了更为便捷的语音、魔镜交互模式，以及更为强大的、具备自我学习能力的智能平台，系统能够以人工智能模式为用户构建出全新的智慧生活方式。只需通过一个按键或一句指令，系统将自动学习、代劳接下来的一切。根据系统记忆用户使用进行习惯分析，主动提供和启动用户常用场景。打造了适合全年龄段业主使用的智能家居系统。金地，又一次走在了行业最前端。

金地集团秉承科学筑家的品牌理念，主动关注前沿智能科技，并与智慧人居理念相结合，创造性提出 Life 智享家。

Gemdale follows the brand concept of scientific building, focuses on cutting-edge intelligent technologies, and combines the concept of smart living, to creatively establish unique intelligent system.

金地智能产品逻辑

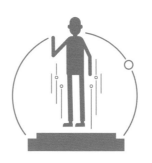

不全宅，不智能

全屋智能全覆盖，开放式的中控平台，兼容更多家庭设备，贴合实际生活的需求，实现机电一体集成化控制。

无逻辑，不智能

强大的智能平台具备逻辑编程能力，一套系统整合全部家庭设备，实现符合逻辑的智能控制。

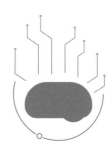

智能可逆，自由切换

用心呵护每一位使用者的生活习惯和生活方式，提供了丰富而易用的控制操作方式。不管是使用墙上的按键面板、手机软件还是语音控制，传统与现代控制方式，可自由切换。

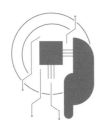

节点故障，正常使用

集中控制＋分布式管理和分布式运行的容灾设计，当系统出现无法修复的故障（场景控制、自动化、人工智能等功能故障）时，仍能保障常规居家设备使用不受影响。

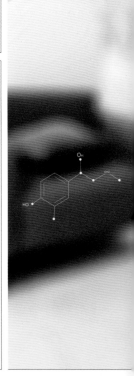

智能面板交互

智能面板是最常用的系统控制方式，在取代传统开关面板的同时，为用户提供基本且最常用的智能场景控制功能。

语音交互

通过简单的语音指令，唤醒系统的语音交互控制功能。SmartHome APP 的语音控制功能也能帮助用户通过手机下达语音控制指令。系统会对用户的指令做出清晰及时的反馈，实现真正的人机对话。

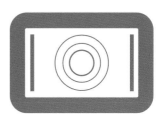

手机 / 平板电脑交互

简单易用的 SmartHome 手机客户端软件可以实现对大部分功能的全面控制，可以轻松地对面板上的按键进行功能定义。

多种交互方式

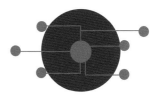

魔镜交互

基于 SHD 墙机系统而延伸出来的产品，强化视觉感受以及人机触控交互。整合镜面、摄像、语音及其他功能模块，可实现用户身份识别、多种交互方式、连接健康监控仪器及物业平台、各类资讯查询等强大功能。

金地 Life 智享家系统

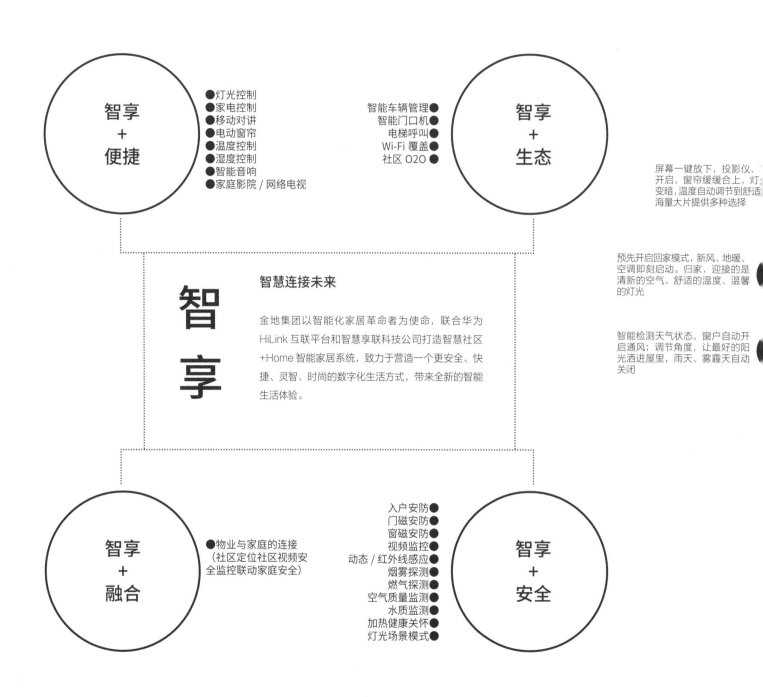

智享 + 便捷
- 灯光控制
- 家电控制
- 移动对讲
- 电动窗帘
- 温度控制
- 湿度控制
- 智能音响
- 家庭影院 / 网络电视

智享 + 生态
- 智能车辆管理
- 智能门口机
- 电梯呼叫
- Wi-Fi 覆盖
- 社区 O2O

智享

智慧连接未来

金地集团以智能化家居革命者为使命，联合华为 HiLink 互联平台和智慧享联科技公司打造智慧社区 +Home 智能家居系统，致力于营造一个更安全、快捷、灵智、时尚的数字化生活方式，带来全新的智能生活体验。

屏幕一键放下，投影仪、开启，窗帘缓缓合上，灯变暗,温度自动调节到舒适海量大片提供多种选择

预先开启回家模式，新风、地暖、空调即刻启动。归家，迎接的是清新的空气、舒适的温度、温馨的灯光

智能检测天气状态，窗户自动开启通风；调节角度，让最好的阳光洒进屋里，雨天、雾霾天自动关闭

智享 + 融合
- 物业与家庭的连接（社区定位社区视频安全监控联动家庭安全）

智享 + 安全
- 入户安防
- 门磁安防
- 窗磁安防
- 视频监控
- 动态 / 红外线感应
- 烟雾探测
- 燃气探测
- 空气质量监测
- 水质监测
- 加热健康关怀
- 灯光场景模式

金地 Life 智享家情景

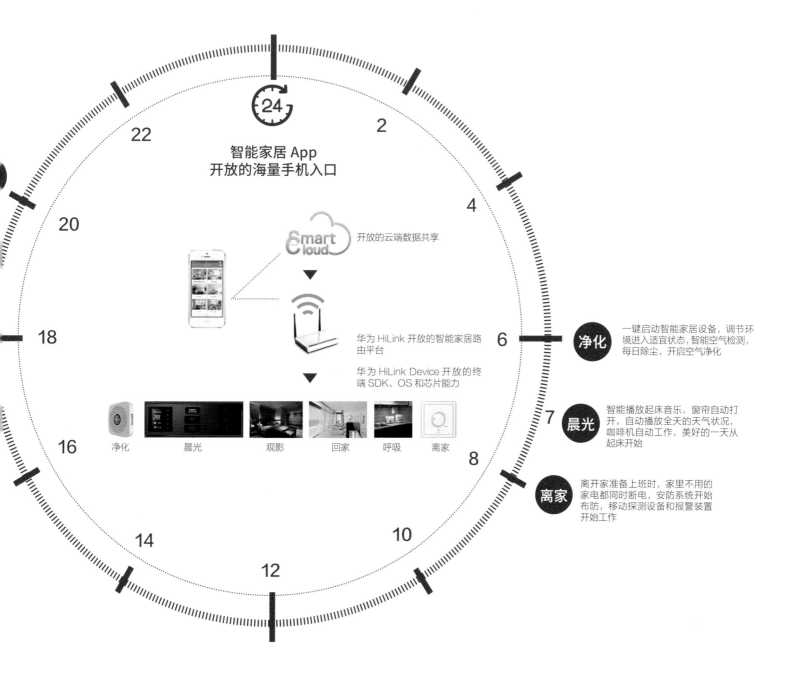

24 智能家居 App 开放的海量手机入口

开放的云端数据共享

华为 HiLink 开放的智能家居路由平台

华为 HiLink Device 开放的终端 SDK、OS 和芯片能力

净化　晨光　观影　回家　呼吸　离家

净化 一键启动智能家居设备，调节环境进入适宜状态，智能空气检测，每日除尘，开启空气净化

7 **晨光** 智能播放起床音乐，窗帘自动打开，自动播放全天的天气状况，咖啡机自动工作，美好的一天从起床开始

离家 离开家准备上班时，家里不用的家电都同时断电，安防系统开始布防，移动探测设备和报警装置开始工作

金地集团 Life 智享家

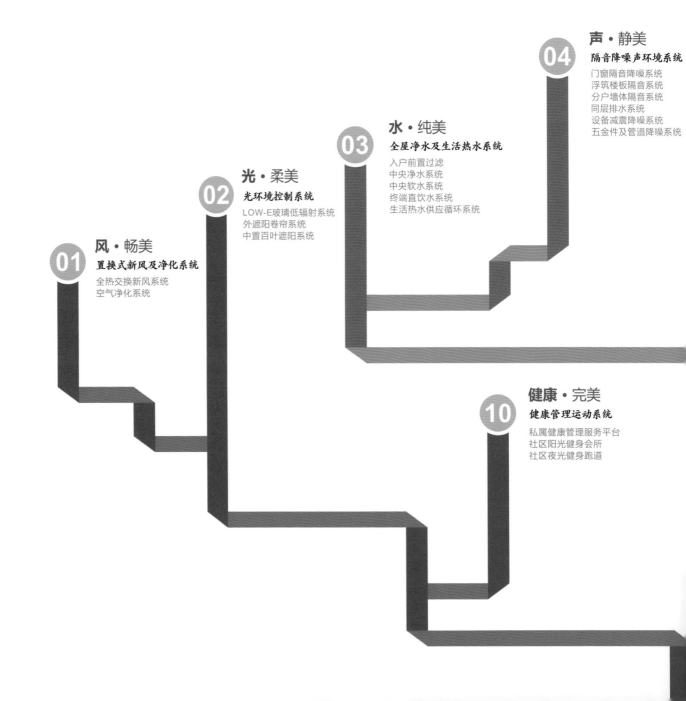

声·静美
隔音降噪声环境系统
门窗隔音降噪系统
浮筑楼板隔音系统
分户墙体隔音系统
同层排水系统
设备减震降噪系统
五金件及管道降噪系统

04

水·纯美
全屋净水及生活热水系统
入户前置过滤
中央净水系统
中央软水系统
终端直饮水系统
生活热水供应循环系统

03

光·柔美
光环境控制系统
LOW-E玻璃低辐射系统
外遮阳卷帘系统
中置百叶遮阳系统

02

风·畅美
置换式新风及净化系统
全热交换新风系统
空气净化系统

01

健康·完美
健康管理运动系统
私属健康管理服务平台
社区阳光健身会所
社区夜光健身跑道

10

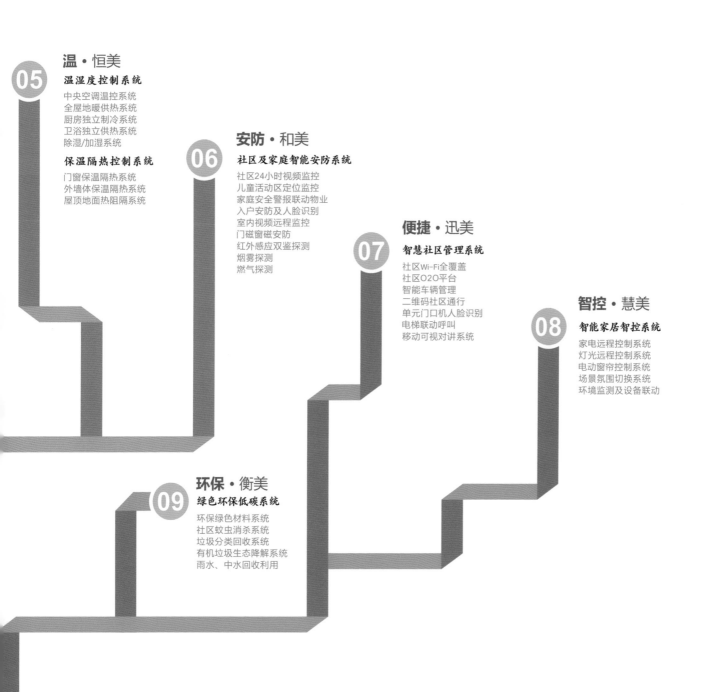

温·恒美

05

温湿度控制系统

中央空调温控系统
全屋地暖供热系统
厨房独立制冷系统
卫浴独立供热系统
除湿/加湿系统

保温隔热控制系统

门窗保温隔热系统
外墙体保温隔热系统
屋顶地面热阻隔系统

安防·和美

06

社区及家庭智能安防系统

社区24小时视频监控
儿童活动区定位监控
家庭安全警报联动物业
入户安防及人脸识别
室内视频远程监控
门磁窗磁安防
红外感应双鉴探测
烟雾探测
燃气探测

便捷·迅美

07

智慧社区管理系统

社区Wi-Fi全覆盖
社区O2O平台
智能车辆管理
二维码社区通行
单元门口机人脸识别
电梯联动呼叫
移动可视对讲系统

智控·慧美

08

智能家居智控系统

家电远程控制系统
灯光远程控制系统
电动窗帘控制系统
场景氛围切换系统
环境监测及设备联动

环保·衡美

09

绿色环保低碳系统

环保绿色材料系统
社区蚊虫消杀系统
垃圾分类回收系统
有机垃圾生态降解系统
雨水、中水回收利用

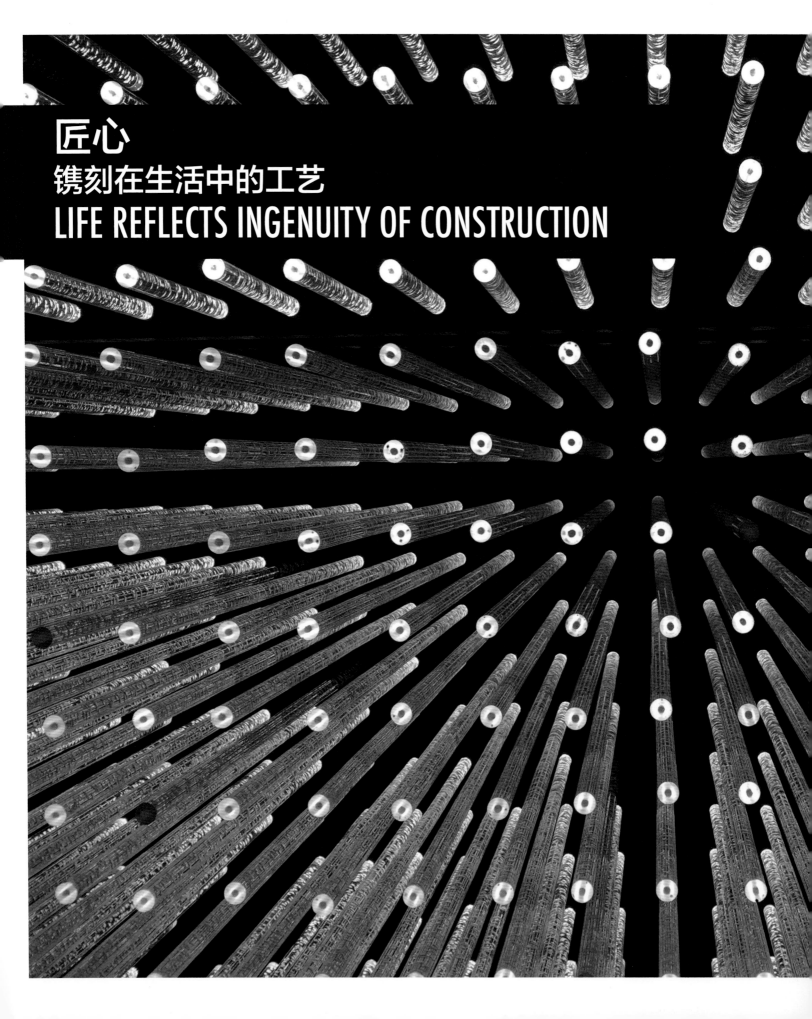

匠心
镌刻在生活中的工艺
LIFE REFLECTS INGENUITY OF CONSTRUCTION

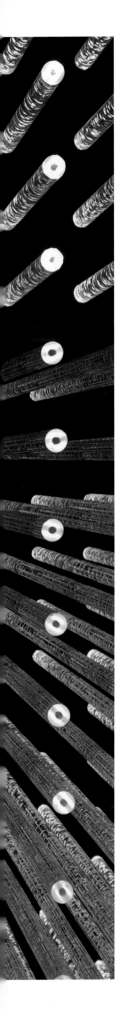

为什么 1:1 还原建筑局部做样板墙？

WHY DO WE RE-PRODUCE THE SAMPLE WALL WITH ORIGINAL PARTS IN AN 1:1 SCALE?

在多年的发展中，一直将自己视作"理工生"的金地，对人们的日常生活始终保持着敏锐的洞察。与其他开发商相比，金地拥有了属于自己的特色：以产品的细致度、讲究的工艺设计著称，并形成了独有的二次设计体系。

"在一份施工图纸中，不可能呈现如何对门窗、面砖拼贴、铁艺栏杆等类似细节进行设计，因此我们往往必须对这些专业性强的部分进行专项的二次深化设计，做出样板，根据呈现的效果来判断是否准确，再做适当调整——我们把这个过程统称为二次设计。"金地集团华东区域设计部门助理经理刘塑说。

样板墙即为金地二次设计中最通用的做法。为了能清晰且直观地观察建筑完成之后的效果，当石材、涂料、面砖等材料选定之后，在工地上，还会做出一段两层楼高、十几米长的样板墙，建筑节点、工艺都会在样板墙上呈现，样板墙是金地二次设计的环节之一。

在大多数项目里，金地都会根据建筑局部按照 1:1 的比例做成样板墙，建筑的各项节点在样板墙中均被清晰地呈现出来，外墙面砖细部处理、面砖排列方式、窗户样板、栏杆、门头、柱角、坡屋顶以及其他材料搭配等，不同的工艺手法，呈现出的质感也千差万别。

当这些节点在样板墙上被原样展示出来后，设计团队随后便会根据墙面在不同温度、湿度条件下呈现的效果，对样板墙进行一次次地调整，直至效果完美。

作为金地华东区域风华系列首发作品，在南京金地中心·风华项目中，设计团队对样板墙做了三轮优化和调整，"这是修改次数最多的一次经历。"仅仅立面石材就被设计团队换了多种，除了石材本身，设计团队对构造节点也进行优化，重新调整样板墙比例，对材质重新搭配，根据样板墙呈现出的效果，最终确立了浅米石材、真石漆、仿铜金属、木纹等材质作为主要材料。

对样板墙的再设计充分地验证了金地对精细度与严谨度的追求，而与此同时，材质的选择、面砖的拼接这些二次设计的细节则细微地为人们展现了工艺之美。在褐石系列中，金地对建筑面砖均进行了二次设计。具有红色斑驳质感的文化砖被大规模地使用到这个系列中，为了找到最合适的面砖材质，金地设计团队曾多次外出考察，在美国波士顿褐石街区考察时发现，那里的砖均是经过烧制后一块块拼接而成。在褐石宝山艺境项目中，金地尝试复原美国波士顿褐石街区的面砖材质，最终经过多家厂商的材料对比之后，选择了一家做文化砖的小工厂。文化砖表面凹凸、不规则，均由手工制作，在这个项目中，你很难找到两块一模一样的砖，每块砖都保留了独特的质地，而不是像常见的批量化生产。文化砖的使用，最大化地还原了波士顿褐石街区的质感。

为了做出独特的砖石文化，避免视觉上的单调性，对于像面砖拼贴这种建筑手法上的细节，金地也花了很多心思来做二次设计。一面墙上不同的位置有着不同的拼贴方式，如何使转角面砖的拼贴看起来既具备美感又自然？这个问题一度困扰着金地设计团队，最后，他们专门定制了转角砖——即 L 形或者直角形的砖，自然的过渡形式令整个建筑看上去保持了一种整体感。

复杂的工艺对现场施工的人力要求非常高，金地请了经验丰富的老师傅来做。在平坦的墙面，工人师傅往往采取最常见的两片砖拼接的做法，遇到窗框、门等节点，则需要先把砖块切至合适大小，再与其他砖拼接，这些拼贴工艺在褐石系列中随处可见。

对样板墙的再设计充分验证了金地对精细度与严谨度的追求，而与此同时，材质的选择、面砖的拼接这些二次设计的细节则细微地为人们展现了工艺之美。

The redesign of the sample wall is a showcase of Gemdale's pursuit to fineness and compliance. At the same time, the workmanship seen in the details, such as seams of tiles and the selection of materials, also explains the beauty of craftsmanship to consumers.

面砖拼贴展现工艺之美

具有红色斑驳质感的文化砖被大规模地使用到褐石系列中，对面砖如何拼贴，金地进行了深化设计。对于平坦的墙面通常采取最常见的两片砖拼接的做法；遇到窗框、门等节点，则需要先把砖块切至合适大小，再与其他砖拼接；在转角处则需要使用专门定制的转角砖来过渡。

7
种立面模块

7
大面砖拼贴原则

26
个标准节点

为什么要耗尽繁复工艺做一块装饰立板？

WHY DO WE MAKE A DECORATIVE BOARD WITH ALL EFFORTS AND TECHNIQUES?

在南京金地中心·风华项目中，销售中心入口处，一块块装饰立板的设计花费了设计团队无数的心思，它涵盖了我们所能想象到的超乎寻常的多种繁复工艺。

为什么要在一块装饰立板上烙刻进如此多繁复的工艺？为什么要耗费双倍的精力和耐心对一块立板不厌其烦地进行二次设计？参与风华系研发的水石设计总建筑师王煊回忆，原来只是想将这块立板单纯作为一个广告位使用，后来发现它可以成为建筑的一个构成元素，与南京风华项目整体所要传达的东方意蕴互相融合。"我们没有把它仅作为建筑的形体构成元素，而是把传统中式元素在装饰立板上进行抽象处理，设计出了兼具时尚气息与文化韵味的图像。用类似屏风的手法，使装饰立板呈现出竹子卷帘的感觉，再加一些篆体文字，比如金、木、水、火、风、地等篆体字，最后通过铜板蚀刻的方式，形成很有装饰感的类彩绘。"

设计团队找到了南京本地的一家工厂，通过专业机器，以铜板蚀刻的方式制作出来，制作出来的立板由于尺寸小，最终每块装饰立板由3小块立板拼接而成。

为了回应南京金地中心·风华项目的整体风格，设计团队从传统元素中汲取灵感，在主入口设计了不锈钢材质的月亮门，并采用仿铜拉丝处理。在设计月亮门上的窗格时，设计团队在选材上遇到了疑惑：是选择具有厚度感和立体感的管材，还是选择轻盈美观的板材？考虑到要与项目传达的中式韵味相称，设计团队最后选择了使用板材，为了增加厚度感，又将两块板材叠加起来，以呈现出镂空网格独有的中式美感。在窗格上，设计团队点缀了黄铜材质的银杏叶片，散落的银杏叶子为建筑带来了俏皮之感。如王煊所说，他们希望销售中心在传达出东方意蕴的同时，同时又能带给人活泼、灵动的感觉。

除了销售中心入口处的月亮门，在衔接城市商业界面的很有标识感的入口，走廊吊顶上的1,400根灯柱也格外吸引人，每根灯柱单独通过钢丝悬吊，形成非常华丽的灯柱阵，如同一个当代立体雕塑。这1,400根灯柱均由工厂定制加工，再一根根地安装，"四五个人花了两天时间完成。"

"这些亚克力灯柱本身其实并不发光，"设计团队回忆，"每根灯柱顶部的金属构件才是真正的发光源。"对于如何藏线、光的色泽等看似不起眼的问题，设计团队均花费心力做了一次又一次的尝试。

这样的用心并不止于一个项目。在位于上海浦东祝桥的金地公元2040销售中心的设计中，为了充分"致敬"园林，设计团队日清设计提出"解构山水"的策略，即以现代建筑的设计方法来将山水元素进行抽象，主要针对销售中心的入口格栅和主楼上层体量细部进行精细化设计。

入口被设计成格栅，以取代园林中"门"的概念。在格栅的设计上选定了疏密虚实变化丰富、上下错落的抽象形式，这是对山水意境的一次解构，将山水的高矮远近、虚实对比的素描关系，以杆件抽象的疏密错动形式呈现。

与此同时，在销售中心主楼上层部分，设计团队为了达到弱化建筑边界的目的，采用了工业化程度较高的均质化穿孔金属折板，以开孔大小的渐变实现"白与黑"的顺畅过渡，和水墨烟雨里的山的轮廓如出一辙，难于辨认界限，似有似无。

落实到空间细部，在水院雨棚檐口的细节处理上，为了契合中式山水的飘逸灵动，设计团队追求"致轻致薄"的轻盈感，尽可能缩减檐口厚度。因此，为了消除结构因素带来的限制，经过推敲，最终采用了折边收头的做法，将接近边缘处的檐口厚度降到100毫米，在视觉上被看到的檐口就会显得更薄更轻。

而在外墙面的石材拼缝处理中，为了削减呆板的视觉感受，设计团队将两片石材之间抠出间隔50毫米的内凹拼缝，并以反光金属压住缝隙。这样既打破了块面化的视觉疲劳，又通过精致的细节强化了立面肌理。

在南京金地中心·风华项目中，无论是一块块装饰立板、月亮门，抑或灯柱的设计，均涵盖了人们所能想象到的超乎寻常的繁复工艺。

Nanjing Fenghua project is filled with incredibly sophisticated elements such as deco panels, moon gates and lamp poles.

公元 2040 销售中心入口实景图

In the design of the sales center in the Gongyuan 2040, the design team proposed the strategy of "deconstructing the landscape", which is to abstract the traditional landscape elements with the design method of modern architecture.

公元 2040 销售中心水幕走廊实景图

解构山水

在公元 2040 销售中心的设计中，设计团队提出"解构山水"的策略，即以现代建筑的设计方法来将山水元素进行抽象，主要针对销售中心的入口格栅和主楼上层体量细部进行精细化设计。

公元 2040 销售中心水院实景图

公元 2040 销售中心水院实景图

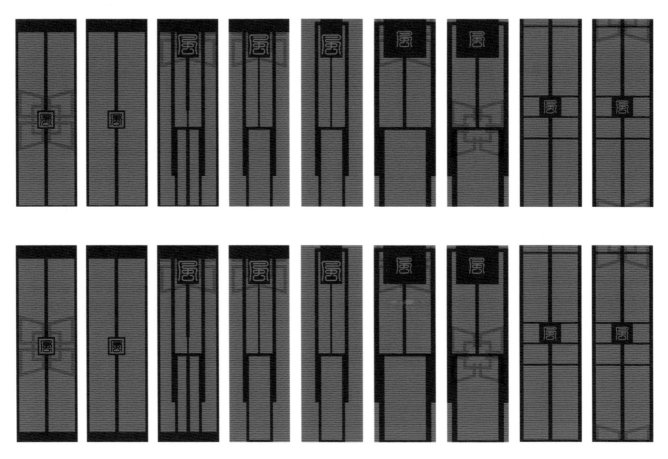

金地中心·风华销售中心装饰立板概念方案

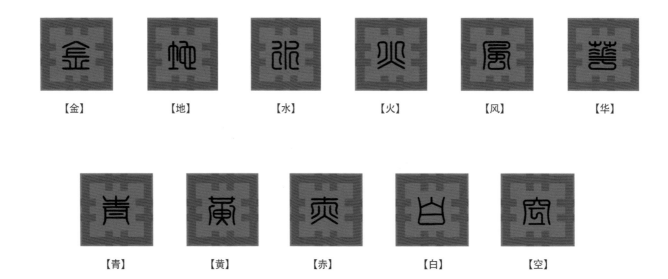

【金】　　【地】　　【水】　　【火】　　【风】　　【华】

【青】　　【黄】　　【赤】　　【白】　　【空】

金地中心·风华销售中心装饰立板字体设计概念

传统元素，抽象处理

在设计金地中心·风华销售中心的装饰立板时，传统
中式元素被抽象处理，设计团队用类似屏风的手法，
使装饰立板呈现出竹子卷帘的感觉，再加一些金、水、
火、风、地等篆体字，最后通过铜板蚀刻，形成很有
装饰感的类彩绘。

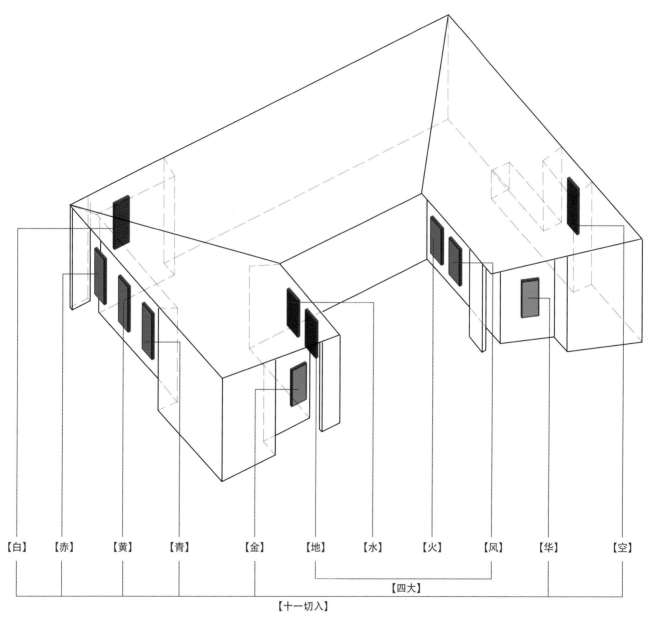

【白】　【赤】　【黄】　【青】　【金】　【地】　【水】　【火】　【风】　【华】　【空】

【四大】

【十一切入】

金地中心·风华销售中心装饰立板方位排布

金地集团 360° 健康家

健康就在家门口

以 **360°** 和**健康**为线索
以整个社区为核心
整合**时间**、**空间**、**年龄**三个维度

情怀 · 社区
FEELINGS & COMMUNITY

社会的巨变、历史的洪流中，没有一个人能置身事外。
每个人都是巨变和洪流的亲历者，值得庆幸的是，我们仍能清楚地看到，
社会对个人的价值和需求的关注，远超以前的任何一个时代。
城市、社区、个人的相互关系，就在这一个又一个关注的细节里成长。
这个充满希望的过程，我们愿意把它叫作情怀。

No one is an outsider in the flow of history and society.
Everyone is in the flow, in the change.
Fortunately, however, the values of individuals in this society is appreciated more than in any other moments in our history.
City, community, and people are connected, evolving in each and every moment of appreciation.
This process of great expectation is called feelings.

从海绵城市到微气候

SPONGE CITY AND MICROCLIMATE

390多年前，英国诗人约翰·多恩在一首诗的第一句就感叹："没有人是一座孤岛。"这首诗在390多年后的今天，仍然在都市人心中反复萦绕。只要我们还是人类的一员，这样的共情就不会停止。在人口高度密集、社会高度协作、资源高度共享的地方，每个人的命运早已深深地连在了一起，尽管我们之间可能一辈子都不会相识。

城市与人的关系也是如此。人口和工业的快速聚集，城市的快速变化，让城市生态的承载力受到了巨大的挑战，还有随之而来的，城市人文的转变。

2012年7月21日一场特大暴雨降临北京，造成巨大的财产损失和人员伤亡。这件事引起了大众对城市排水能力的不满，也引起了城市管理者对城市发展该如何应对气候变化的反思。理想的城市生态，不仅仅是被动应对环境变化，而应该主动把气候变化纳入变量考虑，以生态平衡的眼光来设计与规划。

暴雨发生时，乡村大片耕地、土壤是天然的吸水、蓄水设施，但城市里大面积的硬地、水泥路面、柏油路面都没有吸水、渗水能力，完全靠地下管网集中排水。这样只有排水能力没有蓄水能力，大量雨水迅速排入河道，会造成河道水位急剧升高，马上又倒灌回去。所以，中国60%以上的城市发生过城市内涝。

城市需要像海绵一样，具备蓄水能力，减轻排水管网和河道的压力，防止雨水倒灌。开发商作为城市的建设者，无疑要成为海绵城市从规划到现实的重要角色，金地就是先行者，在嘉定的金地世家首先运用了海绵城市技术。

丢弃传统的"快排"思路，先吸收雨水再回收利用。在建筑顶层做绿色屋面，在地面的景观做透水铺装，利用植草让水从地面渗透下去并滞留，通过绿化里的植草沟做初步净化，水流到蓄水池里被蓄起来二次净化，接下来利用这些水来浇洒花园绿地、冲洒地面，最后多余的水才进入超排系统，往综合管网排水。在这个过程里，绿色屋面、透水铺装、下凹绿地等绿色设施都参与了地表雨水径流的调蓄，与雨水管渠、径流排放等设施一起，成为城市的"海绵"。这样既有排水缓冲，还有多次利用，雨水不会被浪费。

对水文的治理适应只是社区生态的一部分，金地对社区生活的认识深入到了微气候层面。

每个住宅小区里都有活动场地，为什么有的一年到头都有人去，有的却是常年闲置？原因在于活动场地的舒适度不同，而场地的地形、光照、风速等形成的微气候决定了舒适度的差别。人们更愿意选择舒适的地方，只有夏天比其他地方凉爽，冬天比其他地方温暖，大风天比其他地方风小……这种场地人们才愿意去。

2016年金地设计部提出了"微气候"这个概念。2017年，金地研发院开发了一套微气候的评估和设计工具，从空间和时间这两个维度来营造更适宜的环境。

在综合分析场地基本条件的基础上，利用景观设计和建筑排布调风速、变气流、改光照，来影响场地的微气候：根据光照时间划分场地等级；根据四季不同的风向、风速，在不同的方向种不同种类的树，把风速降下来，大风变成小风；在光照时间长的场地周围种落叶乔木，夏天绿树荫荫可以遮挡阳光，冬天树叶落光，可以充分享受阳光的沐浴。在一个社区的内部，多个场地在设计微气候时也有清晰的功能倾向：这个场地适合慢跑，那个场地适合闲聊，这个场地最适合孩子玩耍和亲子活动，那个场地最适合老人跳广场舞……但最舒适的场地，一定是留给老人和孩子。

中国式家庭里最受牵挂的两类人群，受到了金地充分的珍视和尊重，老人和孩子的生活在这里被温柔以待。

金地积极建设海绵社区，表明了建设者们对于城市生态进入了新的认识阶段：每一个社区如果都能够调节自己的微环境，那么整个城市的生态就能有明显的改善。

City, community, and people are connected, evolving in each and every moment of appreciation. This process of great expectation is called feelings.

透水铺装

植草沟

超标雨水排放系统

2017 年金地集团针对目标客群的社区景观偏好做
了问卷调查，调查覆盖了 24 座城市，1,600 多人。

 夜光跑道

100%

15 岁以下的
受访者选择

80.46%

15—35 岁的
受访者选择

87.25%

36—60 岁的
受访者选择

100%

60 岁以上的
受访者选择

 泳池

50%

15 岁以下的
受访者选择

64.94%

15—35 岁的
受访者选择

62.75%

36—60 岁的
受访者选择

 礼仪户外会客厅

100%

60 岁以上的
受访者选择

 户外音乐剧场

100%

60 岁以上的
受访者选择

 阅读广场

41.09%

15—35 岁的
受访者选择

48.84%

36—60 岁的
受访者选择

100%

60 岁以上的
受访者选择

 多元动感地点

60%

15—35 岁的
受访者选择

66.67%

60 岁以上的
受访者选择

 社区农场

64.94%

15—35 岁的
受访者选择

43.14%

36—60 岁的
受访者选择

65%

60 岁以上的
受访者选择

宠物天地

 阳光草坪

亲子果园

 涂鸦互动景观

艺术主题花园

户外展览空间

格林世界·格林公馆泳池实景图

格林世界·白金果岭公园跑道实景图

双都汇景观实景图

玺华邨艺术景观实景图

玺华邨儿童活动区域实景图

ACE 人文社区景观

通过调研，金地认为社区景观应强调"参与互动，邻里交流"，聚焦艺术美学、休闲交往和科普教育的价值挖掘，并在格林世界等项目中予以实践。

广场舞研究，一个长者关爱样本

SQUARE DANCE, KNOWING WHAT THE ELDERLY LOVE

检验一个国家或城市的文明标准，是对待弱者的态度。而衡量一个开发商的格局眼界，是在关照弱小者生活的同时，如何不影响其他人。

最典型的例子是"广场舞"以及跳广场舞的老年人。广场舞老人与年轻人之间的冲突，直到今天还没有完全平息。

一边是老人们在完全退守家庭之后，职业社交的消失和对衰老信号的靠近，让他们陷入社会归属感的迷失，广场舞这种形式恰好同时弥补了社会归属感上的精神需要和重视健康的需要。而另一边，是工作和生活压力下的其他群体的多样诉求：年轻人同样需要运动场所，更多的家庭还需要安静的居住休憩环境。

"噪音扰民""抢场地"等矛盾不可调和，表面上是两代人之间生活方式与精神的对立，实际上是城市管理者无法置身事内，以同理心引导管理思维的结果。

金地可能是第一个主动研究并尝试广场舞模块的开发商。

他们以物业的服务管理调研和业主生活调研为方案基础，把广场舞场地设置在对噪音敏感度低、有方便大量人员疏散的商业广场区域，用黄色线条分割出适合广场舞队形的扇形区域和专门的领舞台。尊重老人的感受，放弃戴耳机的方案，选择有源定向音响设备，以降低对住宅部分的噪音影响。设计人员甚至考虑到了更衣、放置物品和饮水的细节，在广场舞场地旁边配备更衣室、储物柜、饮料售卖机。广场舞舞池的周围，还有艺术化的布置品、座椅、场地专属LOGO，那是设计者的初心：希望跳舞的人、欣赏的人甚至只是偶尔路过的人，都能在这里感受到轻松与快乐。

住在金地的老人是幸福的，他们的身心健康从未被社区的建设和管理者如此关心；住在金地的年轻人也是幸福的，他们不必面对道德压力和激烈冲突，就可以和老人们融洽自如地共处。

Seniors living in Gemdale properties are fortunate. Never do they receive such care in both physical and mental health in other communities. The young in Gemdale are fortunate as well, because they don't have to face the fierce moral stress; instead they are able to share the space with those seniors.

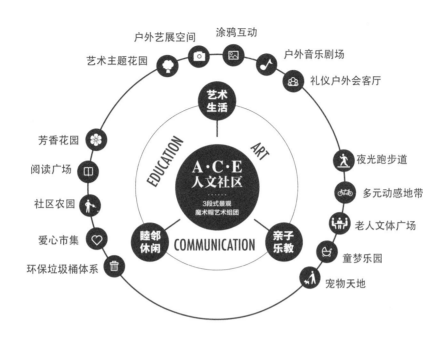

户外艺展空间　涂鸦互动
艺术主题花园　　　　户外音乐剧场
　　　　　　　　　　礼仪户外会客厅

芳香花园
阅读广场
社区农园　　EDUCATION　　ART
爱心市集
环保垃圾桶体系　　COMMUNICATION

艺术生活

A·C·E
人文社区
3段式景观
魔术帽艺术组团

睦邻休闲　　　亲子乐教

夜光跑步道
多元动感地带
老人文体广场
童梦乐园
宠物天地

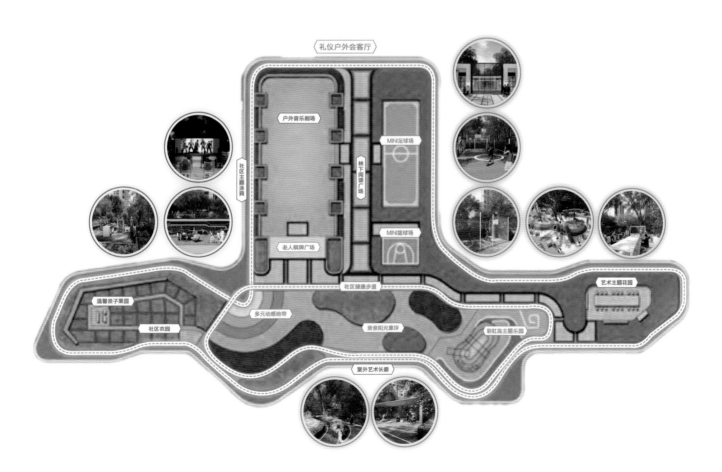

礼仪户外会客厅

户外音乐剧场

MINI足球场

社区主题涂鸦
林下阅读广场

老人棋牌广场

MINI篮球场

社区健康步道

温馨亲子果园
社区农园
多元动感地带
亲亲阳光草坪
彩虹岛主题乐园
艺术主题花园

室外艺术长廊

社区微更新：持续关注全体使用者

COMMUNITY MICRO-RENEWAL: CARE FOR ALL CONSUMERS

在不断更新的理念之下，健康跑道、亲子活动区、儿童活动区、老人活动区、宠物乐园……都将成为金地旗下新建项目的标配。

数十年间，上海乃至中国涌现了许许多多的居住大盘社区，随着时代的发展与城市的扩张，社区外部的城市环境不断发生变化，人们的需求也在发生着变化，从而出现了一系列配套失调等问题。金地华东认为，美好的居住环境不仅仅是社区内部，也在于社区与城市之间更加便利与人文的连接。因此，以2004年左右建成的典型大盘——格林世界大型社区公共空间作为出发点，由金地华东组织发起，通过多方参与共建城市社区公共空间微更新，旨在公益性地为金地社区客户持续打造美好生活环境，并为中国其他大盘社区更新提供相关参考与借鉴。

广场舞模块是金地珍视老业主的需求的范例，也是金地社区微更新的一个部分。

金地格林世界的小区，短的交付了5年以上，长的可能有超过10年。业主对于老小区的一些使用痛点开始显现，比如公共设施的不足，让他们无处健身。针对金地格林世界增设跑道，设计部门多次提交了改造方案。

虽然是增设的跑步道，但仍然呈现了金地对社区生活细致研究的结果：有预防运动损伤的热身区，有沿途的补水站，有贴心的地面提示，在终点处还有物品寄存点……

社区在细部做的那些小小的更新，对业主来说，是与生活息息相关的改变。微小的更新和改变又将汇聚成对全社会乃至全社区产生影响的大变化。随着中国的城市化进入后半程的加速，大城市的建设用地供应逐渐确立了总量控制、存量挖掘的方向，以这样的趋势，粗放型开发必然有一天会触碰到市场容量的天花板。

比如对社区商业的态度，从有利于销售到有利于生活转变。金地丢弃简单的建商铺出售的通行做法，尝试自持运营服务。与居民生活匹配度最高的轻餐饮、轻零售，以及社区大量存在的亲子互动、儿童教育、健身等业态，都围绕着居民日常生活展开。

比如看待租赁的角度，从单一商业价值到尝试培育新模式。随着土地供应向存量挖掘的方向发展，房地产的长效机制加快建立，租售同权已经在短期内大步推进。租赁服务这种以存量为基础、小额高频的业务空间会越来越大。

金地希望通过研究租户的需求特点，用改造设计满足租赁需求的产品，在提供基本需求的基础上，给不同的租客都能提供家的感觉。比如年轻的租客能认识志同道合的新朋友，住在一起、玩在一起。未来因为工作变动等原因需要搬家的时候，还会选择金地长租公寓，用互联网时代的说法就是建立更好的黏性。

再比如对养老配套的布局。金地结合对既有物业的改造等形式，直接从服务入手。老龄化是中国社会的一个隐忧，而以卖房为本质的养老地产，是老龄化问题真正爆发之前房地产市场的一场喧嚣。社会性的养老问题，最终仍然要归到服务的本质上来。

金地要做的，是真正的照顾，而不是借照顾为由卖房。尽管还没有太多经验，但金地在全力地学习和借鉴先进的经验：在场地、设施设计上跟富有经验的日本设计资源合作，邀请有经验的养老服务商做运营顾问……未来，金地的业主不再惧怕衰老会让他们艰难度日，因为金地会为他们提供专业、周到、有温度的照顾。

社会的巨变、历史的洪流中，没有一个人能置身事外。每个人都是巨变和洪流的亲历者，值得庆幸的是，我们仍能清楚地看到，社会对个人的价值和需求的关注，远超以前的任何一个时代。城市、社区、个人的相互关系，就在这一个又一个关注的细节里成长。

这个充满希望的过程，我们愿意把它叫作情怀。

这个行业的先行者早早地意识到，要从高周转粗放型向城市社区服务者的角度转变，从只关注房产购买者，到全面关注房产使用者。

The forerunners of this industry have long realized that their business has to change from a generic high-turnover model to a community service provider. Instead of focusing on property consumers, they need to focus on the actual property users.

"社区唤醒行动"

2018 年，金地为了让更多社区实现真正的"冻龄"和"焕颜"，从城市微更新走向社区微更新，进一步衍生出了金地"社区唤醒行动"。在走访调研了多个有待改造的上海社区后，金地总结出一定的共性和规律，选择了极具代表性的，百万方大盘社区——"金地格林世界"社区作为首个试点项目。

广场舞空间改造

栖林路慢行系统提升

社区入口停车场改造

南翔站

滨河桥下空间改造

格林世界老社区提升方案

"艺术改造社群"计划

中国式家庭里最受牵挂的两类人群，受到了金地充分的珍视和尊重，老人和孩子的生活形式在这里被温柔以待。金地并通过调查，全面推进 ACE 人文社区景观，"强调参与互动、寓教于乐"，聚焦美学、社会交往等的价值挖掘。

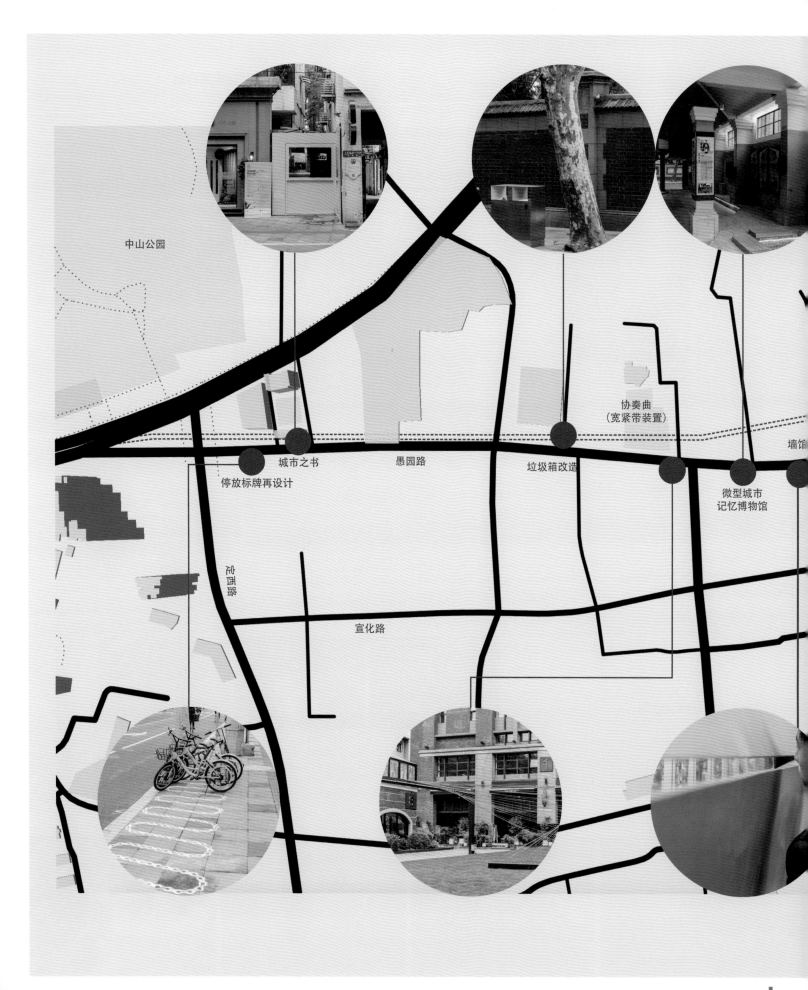

中山公园

协奏曲
（宽紧带装置）

城市之书

愚园路

垃圾箱改造

墙馆

停放标牌再设计

微型城市
记忆博物馆

定西路

宣化路

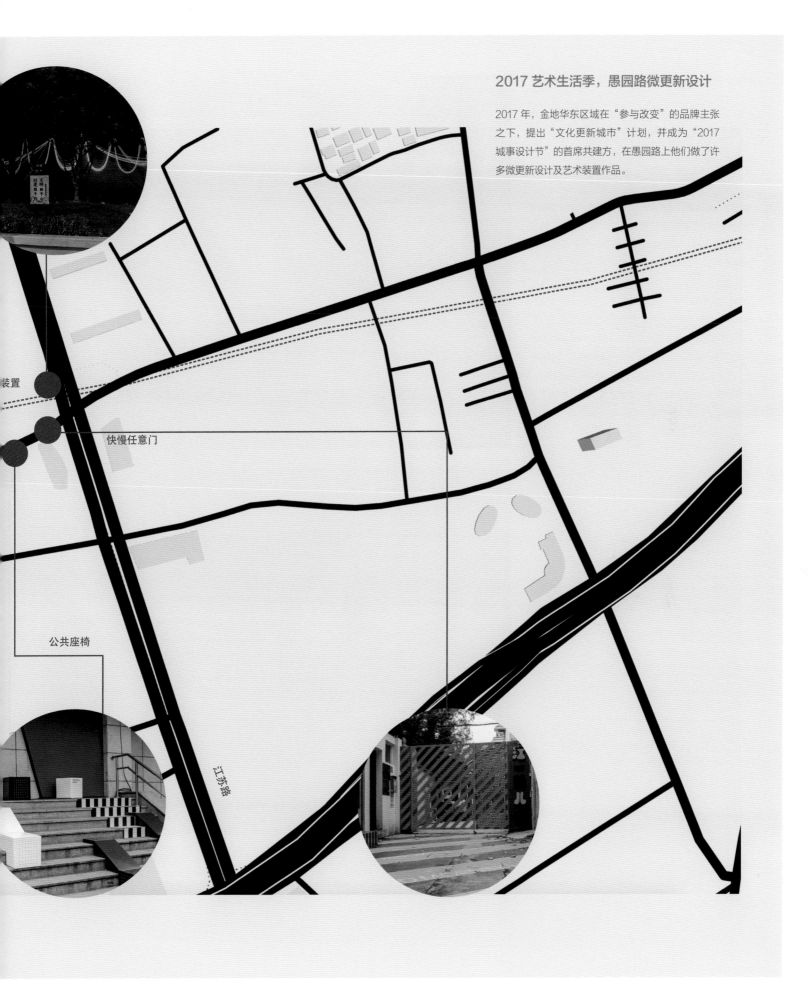

2017 艺术生活季，愚园路微更新设计

2017 年，金地华东区域在"参与改变"的品牌主张之下，提出"文化更新城市"计划，并成为"2017城事设计节"的首席共建方，在愚园路上他们做了许多微更新设计及艺术装置作品。

装置

快慢任意门

公共座椅

江苏路

"8760"：24 小时的交互共享聚集地

"8760 城市菁英社区"是金地华东打造的首个长租公寓品牌，8760 首发项目位于上海南翔，占地不到一万平方米，由三栋低层建筑组成。因靠近格林春晓住宅小区，被称为"8760·春晓"。

曾经作为格林豪泰酒店的 8760·春晓，充分尊重场地内原有构筑物与历史痕迹，从饰柱砖面保留拼接到对废弃水景、原喷泉台阶的改造更新，新旧间有机融合。

8760·春晓立于一片城市岛屿上，自成一角也与城市地标、绿化、商业为邻。场景空间的重塑基于对年轻态活动内容的植入，对记忆点、趣味点、引爆点的预设把控，围绕核心住区设置景观大阶梯、中心广场区、室外就餐区、超大公区、内部庭院区，炫酷入口、大黄楼梯、采光中庭、环形吧台、瞭望塔等有趣节点设置其间。

8760·春晓室外公共空间实景图

8760·春晓主入口实景图

8760·春晓户外吧台实景图

8760·春晓室内实景图

8760·春晓室内公共空间实景图

8760·春晓室内实景图

8760·春晓室内实景图

愿景·展望：金地华东的多元化发展
VISION: BUILD A FUTURE OF DIVERSITY

2015 年 10 月，金地华东区域对原有的商业部做架构的调整，在传统住宅业务基础上，拓展更多创新性的领域与业务，包括社区商业、长租公寓、养老配套、酒店等；这也将助力金地华东区域在更为多元化的领域，关照更多的人群，参与城市进程以及城市美好生活的塑造。

社区商业

"家"的延伸——芳邻

<提供品质生活、便捷服务的邻里中心；
<基于家庭基本需求，对于"家"的延伸，是超出家庭空间和功能限制的空间；
<邻里商业的每一个业态，都是家庭生活的一个组成部分。

厨房延伸	开放式菜场+美食街
餐厅延伸	咖啡+面包+简餐 特色餐饮/主题餐饮
儿童房延伸	儿童主题游乐 早教+少儿培训 童装+母婴产品
客厅延伸	邻里中心 超级影院+健身娱乐+个人护理
起居室延伸	便利店+银行+干洗 家居生活馆+通讯数码+文创集合店

泗泾商业项目 项目处于上海泗泾，距离地铁 9 号线泗泾站约 1 公里范围内，致力打造一个社区客厅，并在商业空间中引入园林景观，使其真正成为一个服务周边居民，具有人气的社交、聚会目的地。

车墩商业项目 项目位于上海车墩影佳路靠近车亭公路的位置，未来项目将通过创造区域性地标，为周边社区居民和到访的游客打造一个满足日常生活所需以及社交、活动的聚会场地，成为社区的活力中心。

8760·泗泾项目　　**8760·春晓项目**

金地华东区域即将推出的 2 个长租公寓均为改造项目，分别紧邻上海地铁 11 号线南翔站和 9 号线泗泾站；这 2 个站点有着超高的人流量，项目将通过开放的，满足年轻人居住、社交、健身甚至办公的 24 小时社区的打造，服务站点周边及沿线的城市年轻一代。

长租公寓——8760 国际菁英社区

年轻一代 24 小时交互共享聚集地

"8760 城市菁英社区"是金地华东打造的首个长租公寓品牌，8760 来源于每天 24 小时 x 一年 365 天，寓意全天 24 小时的交互共享聚集地，8760 中的数字 0，也因谐音"邻"，寓意左邻右里在全新租房生活中，共同开启发现之旅的新世界。

养老业务

高标准的养老服务及配套体系

<贯通养老模式研究、建筑及室内精细化设计、康复性景观设计、养老物业运营等各环节；
<自有设计团队，整合养老服务、养老设计、医院经营、社区康复等多方机构和资源；
<结合国内目前整个养老地产行业需要面对的探索进一步的精细化，以及从标准化走向多样化的现状，从老人最真实的生活需求出发，提供面对健康老人、需要护理的老人、混合的老人群体等不同对象的养老产品。

南京板桥自在城养老项目

南京仙林湖养老项目

在养老配套领域，金地华东区域目前在南京仙林湖以及南京板桥，通过引入专业的养老产品设计、看护和诊疗机构等资源，分别打造城市长者全托高端康复护理型养老产品。

泗泾商业项目效果意向图

泗泾商业项目效果意向图

泗泾长租公寓项目实景图

泗泾长租公寓项目实景图

南京仙林湖项目效果意向图

南京仙林湖项目效果意向图

金地华东发展数载，其间的努力、艰辛、成绩，或难以通过纸面上的文字、图纸、图片——呈现，好在这本《"参与改变"的美好——金地华东的实践和创新》尽可能地记录了我们的积累与思考，借此分享给更多关心城市、关心生活的朋友。

在此，隆重感谢诸位参与者为本书做出的贡献。

首先要感谢上海致逸总建筑师余泊、日清设计副总建筑师任治国、水石设计总建筑师王煊、上海柏涛总建筑师任湘毅、上海柏涛设计总监胡桥等在本书采写、资料收集过程中给予的支持与帮助。

还要感谢在本书制作的各个阶段给予大力支持与指导的金地集团华东区域副总经理王桦、金地集团华东区域副总经理陈喆、金地集团华东区域市场营销部部门经理张文彬、金地集团华东区域设计管理部部门经理彭华园、金地集团华东区域商业经营管理部总监宋福临，以及参与采访、贡献主要素材的金地同事，他们是：李建平、刘塱、徐翎、简虹、章杰高、黄珂。

同时感谢金地华东区域的张雯宜、张向琳、张弘坤，di杂志社的赵燕、陆琦琪、司阿玫、景鑫、陈位昊、何丹丹在本书编著过程中投入的时间和精力。

要感谢的远不止这些，这本书更包含了所有金地华东同仁的不懈努力，感谢大家！

金地集团

Gemdale　科　学　筑　家

金地集团
Gemdale 科学筑家

di
设计新潮

编辑委员会成员 Members of the Editorial Committee

主编 Chief Editor
阳侃 Yang Kan

执行主编 Executive Editors
王桦 Wang Hua
陈喆 Chen Zhe
彭华园 Peng Huayuan

执行副主编 Executive Deputy Editor
赵燕 Zhao Yan

执行流程 Traffic
张雯宜 Zhang Wenyi
张向琳 Zhang Xianglin
张弘坤 Zhang Hongkun
司阿玫 Si Amei

撰稿人 Writers
司阿玫 Si Amei
景鑫 Jing Xin
陈位昊 Chen Weihao
何丹丹 He Dandan

美术总监 Design Director
陆琦琪 Lu Qiqi

翻译 English Editors
姚矢毅 Yao Cecilia
高轶超 Gao Yichao

图书在版编目（ＣＩＰ）数据

"参与改变"的美好 : 金地华东的实践和创新 / 金
地集团华东区域地产公司编著 . -- 上海 : 同济大学出版
社 , 2019.6
  ISBN 978-7-5608-6174-6

Ⅰ . ①参… Ⅱ . ①金… Ⅲ . ①城市规划－建筑设计－
研究－中国 Ⅳ . ① TU984.2

中国版本图书馆 CIP 数据核字 (2019) 第 064933 号

"参与改变"的美好——金地华东的实践和创新
金地集团华东区域地产公司 编著

出品人：华春荣
策划编辑：袁佳麟
责任编辑：武蔚
助理编辑：周原田
责任校对：徐春莲
装帧设计：陆琦琪
出版发行：同济大学出版社 www.tongjipress.com.cn
　　　（地址：上海市四平路 1239 号 邮编：200092 电话：021-65985622)
经销：全国各地新华书店
印刷：上海雅昌艺术印刷有限公司
开本：889mm×1194mm 1/12
印张：15.5
字数：484 000
版次：2019 年 6 月第 1 版　2019 年 6 月第 1 次印刷
书号：ISBN 978-7-5608-6174-6
定价：188.00 元